Norbert Herrmann
Können Hunde rechnen?

Norbert Herrmann

Können Hunde rechnen?

—

2. Auflage

DE GRUYTER
OLDENBOURG

Autor
Dr. Dr. h.c. Norbert Herrmann
lehrt an der Universität Hannover am Institut für Angewandte Mathematik.

Illustrationen:
Kap. 3: Sándor Dóró
Kap. 4: Paetrick Schmidt
Kap. 5: Gerlinde Meyer
Kap. 8: Simone Fass
Kap. 9: Phillip Janta
Kap. 10: Franziska Junge
Kap. 11: Gabriele Herrmann
Kap. 12: Susanne Wurlitzer
Kap. 13: Anne Hemstege
Kap. 14: Franziska Junge
Kap. 16: Sándor Dóró
Kap. 17: Katja Schwalenberg

ISBN 978-3-11-073836-0
e-ISBN (PDF) 978-3-11-073395-2
e-ISBN (EPUB) 978-3-11-073398-3

Library of Congress Control Number: 2021938115

Bibliografische Information der Deutschen Nationalbibliothek
Die Deutsche Nationalbibliothek verzeichnet diese Publikation in der Deutschen Natio-
nalbibliografie; detaillierte bibliografische Daten sind im Internet über http://dnb.dnb.de
abrufbar.

© 2021 Walter de Gruyter GmbH, Berlin/Boston
Umschlagabbildung: ma_rish/iStock/Getty Images Plus
Druck und Bindung: CPI books GmbH, Leck

www.degruyter.com

Inhaltsverzeichnis

Vorwort

Wieder liegt ein Buch mit vielen Beispielen mathematischen Denkens und Arbeitens vor Ihnen, liebe Leserin, lieber Leser. Aus unterschiedlichen Bereichen des täglichen Lebens haben wir Themen zusammengetragen, bei denen die Mathematik nicht nur Hilfestellung bietet, sondern mit ihrer Logik den vollständigen Lösungsweg aufzeigt. Ein wichtiges Anliegen ist mir dabei, Ihnen ein wenig von der wahren Mathematik, dieser geistigen und geistvollen Wissenschaft zu vermitteln. Ein Alptraum für jeden Mathematiker ist eine solche Frage, wie sie Thomas Gottschalk dem Autor vor einem Millionenpublikum stellte. „Ziehen Mathematiker den ganzen Tag Wurzeln?"

Wir möchten Ihnen mit unseren Beispielen viele Anregungen bieten zum eigenen Nachdenken und vor allem zum eigenen kreativen Weiterdenken. Ganz wesentlich ist dabei, sich Fragen zu stellen:

- Wieso sollen wir im Garten nicht mit der Giftspritze arbeiten?

- Weshalb kann man keine Wurzel aus einer negativen Zahl ziehen?

- Warum ist DIN-A4 so krumm?

Wie lernten wir in der Sesamstraße:

Wieso? Weshalb? Warum? Wer nicht fragt, bleibt dumm!

Ein ziemlich alter Scherz berichtet von einem Vater, der von seinem Sohn mit tausend Fragen genervt wird, nie richtig antworten kann, aber den Sohn trotzdem auffordert: „Frag nur, Junge, sonst lernst' ja nix!"

Ein früherer akademischer Lehrer von mir hatte dazu eine passende Erklärung. Er behauptete:

- Hat man an einer Stelle eines Vortrages oder in einer Unterrichts-
  stunde das unbestimmte Gefühl, etwas nicht verstanden zu haben,
  so hat man bereits 30 % begriffen.

- Kann man an der betreffenden Stelle dann sogar eine klare Frage
  stellen, so hat man bereits 70 % verstanden.

Das bedeutet im Klartext: Ein Fragesteller zeigt nicht, dass er Probleme beim Verständnis hat, sondern er beweist, dass er bereits sehr viel
verstanden hat.

Ich bitte also meine geneigten Leserinnen und Leser, mich mit Fragen
zu überhäufen. Dazu ist doch das Internet ein herausragendes Hilfsmittel. Nichts ist unverbindlicher und damit leichter, als eine kurze e-Mail
loszuschicken.

Ich werde nur meine Frau, die schon so viel Geduld während der Entste-
hung dieses Büchleins aufgebracht hat, um weitere Minuten und Stunden
bitten, wenn ich diese E-Mails beantworten möchte. Ihr sei nicht nur dafür
an dieser Stelle ganz lieb gedankt.

Auf Anregung des Oldenbourg Wissenschaftsverlages entstand die Verbindung zur Hochschule für Grafik und Buchkunst in Leipzig. Die Klasse
von Prof. Thomas Müller entwarf mit Feuereifer für den Umschlag und
für jedes Kapitel eine wunderschöne Grafik. Herzlichen Dank.

Zum Schluss gilt mein Dank natürlich Frau Roth vom Oldenbourg Wis-
senschaftsverlag, die meinen Ideen und Vorschlägen stets sehr aufge-
schlossen gegenüberstand. Sie hat meine Arbeit nicht nur begleitet, sondern mit eigenen Vorschlägen viel zur Verbesserung beigetragen. Frau
Schuhmacher-Gebler sei gedankt für eine sehr sorgfältige Durchsicht des
Manuskripts.

Hannover   Norbert Herrmann
                              www.ifam.uni-hannover.de/~herrmann

Vorwort zur zweiten Auflage

Man kann kein Mathematiker sein,
ohne eine poetische Seele zu haben!

Sofja Kowalewskaja (1850–1891)

In dieser zweiten Auflage haben wir wieder viele weitere Beispiele hinzugefügt, die auf die Vielfältigkeit der Mathematik hinweisen. So haben wir das berühmte Ziegenproblem ausführlicher dargestellt, weil viele Leserinnen und Leser darin noch Probleme sahen. Wir haben die Vedische Mathematik analysiert und gezeigt, dass sie kein brauchbares Hilfsmittel heutzutage darstellt. Kennen Sie das Oster-Paradoxon? Auch das findet in der Mathematik eine leichte Erklärung. Vor allem aber haben wir ein längeres Kapitel zur Corona-Pandemie angehängt. Hier zeigt die Mathematik an Hand eines sogenannten Rüber-Beute-Modells, wie sich solche Pandemien ausbreiten.

Um dem Motto von Frau Sofja Kowaleskaja gerecht zu werden, haben wir ein Lied zum Königsberger Brückenproblem angefügt. Die Internationalität der Mathematik zeigt sich auch hier, wenn wir das Lied in zehn verschiedenen Sprachen präsentieren. Musik und Mathematik, beide kennen keine Grenzen.

Ganz herzlichen Dank an Leonardo Milla, Editor beim Verlag de Gruyter. Er hat die Anregung zu dieser zweiten Auflage gegeben. Ebenfalls Dank an Ute Skambracks und André Horn vom Verlag de Gruyter, die mir beide bei der Erarbeitung des Manuskriptes sehr geholfen haben.

Mein ganz großer Dank geht wieder an meine liebe Frau, die mich zum wiederholten Male von der ach so lästigen Hausarbeit befreit hat, damit ich Zeile um Zeile am Schreibtisch verbringen konnte.

Norbert Herrmann

www.mathematikistueberall.de

Kapitel 1

Können Hunde rechnen?

1.1 Einleitung

Auf Einladung eines Fernsehteams von Günther Jauch [11] fuhr der Autor eines Tages nach Berlin, um dort am Ufer der Havel mit Hunden „Stöckchenwerfen" zu spielen. Sehr früh am Morgen standen zwei Kamerateams am Ufer, hatten eine Tafel und Kreide mitgebracht, und eine aufgeregte Hundeschar wartete voller Spannung. Der verantwortliche Redakteur mit seinen Mitarbeitern erklärte, man wolle untersuchen, ob Hunde wirklich rechnen können! Hintergrund für diese Frage nach den Rechenkünsten von Hunden waren Experimente des Amerikaners T. J. Pennings [14], die dieser mit seinem Hund am Strand durchführte. Bewaffnet mit Zollstock, kleinen Fähnchen, einem Ball und einem Taschenrechner ließ er den Hund zig-mal den Ball aus dem Wasser fischen. Dabei beobachtete er das Verhalten sehr genau und markierte mit seinen Fähnchen den Punkt, wo der Hund ins Wasser sprang.

1.2   Das Problem

Die meisten Hunde haben keine Scheu, sich nass zu machen, aber zugleich sind sie Minimalisten. Man muss sich ja auch nicht zu lange im Wasser aufhalten. Hunde denken nicht ans Spielen, sondern an die Aufgabe, den Stock zu packen – und zwar möglichst schnell.

So, und wie löst der Hund das Problem, den Stock **in möglichst kurzer Zeit** zu schnappen?

> **Das Hunde-Problem**
> Wie sollte der Hund seinen Weg wählen, um
> möglichst schnell zum Stock zu gelangen?

Wir zeigen verschiedene Wege für den Hund an der Skizze auf Seite 3.

Stillschweigend setzen wir voraus, dass unser Standort x_0 weiter vom Nullpunkt entfernt ist, als der gesuchte Ort x, also $x_0 > x$. Drei mögliche Wege stehen zur Verfügung:

1. Der Hund könnte auf der geraden Verbindungslinie direkt zum Stock schwimmen. Das ist der kürzeste Weg.

2. Der Hund könnte solange am Ufer entlang laufen, bis er senkrecht zum Stock steht, um dann die kürzeste Strecke zum Stock zu schwimmen, weil er ja nun in aller Regel wesentlich langsamer schwimmt als rennt.

3. Oder gibt es da einen Zwischenpunkt x, von dem aus er die Wassertour starten sollte und das Stöckchen noch ein Tickchen eher erreicht?

Stock
A

Teich

(2)　　　(3)　　　(1)

0　　　　　x　　　　　x_0

Ufer　　　　　Standort

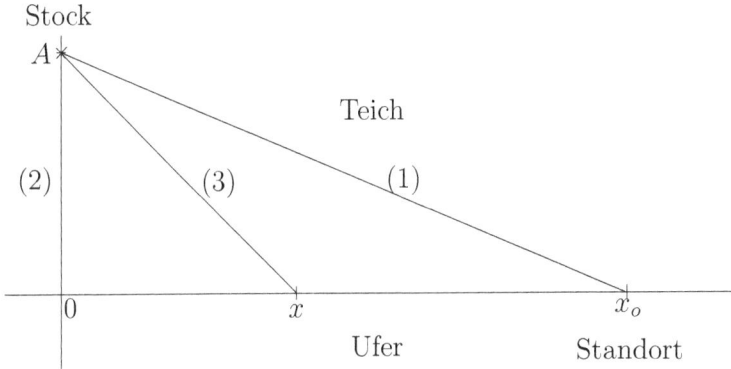

Abbildung 1.1: Hier sehen wir das (idealisierte) Ufer eines Teichs. Wir stehen mit unserem Hund bei x_0 direkt am Ufer, bei A schwimmt der Stock. Den Uferpunkt senkrecht zum Stock nehmen wir als Nullpunkt unseres Koordinatensystems. Der Hund könnte die direkte Linie auf den Stock zuschwimmen (Weg (1)), er könnte aber auch am Ufer entlang laufen, bis er senkrecht zum Stock steht, um dann die kürzeste Strecke zu schwimmen (Weg (2)). Gibt es aber vielleicht einen noch geschickteren Ort x, von wo er schräg auf den Stock zuschwimmt und so früher bei ihm ist? (Weg (3))

Wir werden sehen, dass die dritte Variante tatsächlich die beste ist. Und
wir rechnen diesen Ort x aus. Aber ein Hund wird doch nicht erst noch
rechnen, bevor er losjagt! Das jedenfalls ist noch nicht beobachtet worden, auch wenn viele Hundebesitzer sagen, Hunde seien doch fast so
schlau wie Menschen. Hunde sind noch viel intelligenter als Menschen,
meinen sogar einige. Mit diesem Spiel sind wir vielleicht in der Lage,
solche Behauptungen zu unterstützen oder zu widerlegen.

Dazu dient uns nun die Mathematik. Mit ihrer Hilfe wollen wir versuchen, den optimalen Punkt, wo der Hund ins Wasser springen sollte, zu
berechnen.

1.3   Sinnvolle Vereinfachungen

Wie schrecklich durcheinander und komplex ist doch die Natur!

Haben Sie sich schon mal ein Ufer ganz aus der Nähe angeschaut? Wie
das zerklüftet ist. Wenn wir so etwas aus der Natur abbilden wollen,
müssen wir viel idealisieren.

1. Sei also der Uferbereich vollkommen eben.

2. Sei das Ufer eine perfekte Gerade, unsere x-Achse.

3. Sei das Wasser völlig eben und ohne jede Strömung.

4. Sei unser Aufenthaltsort ein Punkt x_0 am Ufer.

5. Sei der Ort des Stöckchens ein Punkt A im Wasser.

6. Der Hund renne am Ufer mit exakt der Geschwindigkeit v_0, er muss
   also nicht erst tief Luft holen und dann mit kleiner Geschwindigkeit
   losrennen, bis er auf Fahrt ist, nein, er komme von Null auf Hundert
   in null Sekunden. Genauso plötzlich kann er abstoppen.

7. Der Hund schwimme im Wasser exakt geradeaus und immer mit
   genau der gleichen Geschwindigkeit v, ebenfalls ohne Anlauf- und
   Stoppphase.

Sie sehen schon, da sind etliche Vereinfachungen drin, ohne die wir aber
gar nichts ausrichten können.

Bemerkung 1.1 *Dies ist ein typisches Phänomen, das bei physikali-
schen Sachverhalten auftritt, die in die Sprache der Mathematik übersetzt
werden sollen. Die komplexe Natur zwingt uns zu Vereinfachungen. Das
darf man nicht zu kritisch nehmen, zwingt uns aber zu einer späteren
Rechtfertigung unserer Ergebnisse. Wie weit sind sie auf die wahre Natur
übertragbar? Waren unsere Vereinfachungen vielleicht zu stark, so dass
unser Ergebnis nichts mehr mit den wahren Verhältnissen zu tun hat?*

1.4   Das mathematische Modell

Die Physik nutzt nun das Hilfsmittel „Mathematik", um zu einer Lösung
zu gelangen.

Dazu wissen wir, dass sich die Geschwindigkeit v darstellt als

$$\text{Geschwindigkeit } v = \frac{\text{Weg } s}{\text{Zeit } t}. \tag{1.1}$$

Wir fragen hier nach der kürzesten Zeit. Wie sagen unsere Kinder in der
Schule neuerdings: Wir stellen die Gleichung (1.1) nach t um:

$$\text{Zeit } t = \frac{\text{Weg } s}{\text{Geschwindigkeit } v}. \tag{1.2}$$

Das war doch einfach, oder? Unser Vorgehen ist nun recht simpel. Wir denken uns den intelligenten oder instinktiven Hund, der bis zu einer noch unbekannten Stelle x jagt und erst dort ins Wasser springt.

Die Zeit bis zum Erreichen des Punktes x ist, da er sich mit der Geschwindigkeit v_0 am Ufer um die Strecke $x_0 - x$ bewegt:

$$t_{\text{Ufer}} = \frac{\text{Weg } s}{\text{Geschwindigkeit } v_0} = \frac{x_0 - x}{v_0}. \tag{1.3}$$

Im Wasser muss er eine Strecke diagonal zurücklegen. Hier hilft uns der gute alte Pythagoras:

$$s^2 = A^2 + x^2 \iff s = \sqrt{A^2 + x^2}. \tag{1.4}$$

Die Zeit vom Punkt x bis zum Erreichen des Stockes bei A ist, da er sich mit der Geschwindigkeit v im Wasser um die Strecke s bewegt:

$$t_{\text{Wasser}} = \frac{\text{Weg } s}{\text{Geschwindigkeit } v} = \frac{\sqrt{A^2 + x^2}}{v}. \tag{1.5}$$

Beide Zeiten addieren wir und erhalten so die Gesamtzeit:

$$t_{\text{gesamt}} = t_{\text{Ufer}} + t_{\text{Wasser}} = \frac{x_0 - x}{v_0} + \frac{\sqrt{A^2 + x^2}}{v}. \tag{1.6}$$

Diese Gesamtzeit möchte nun minimal werden, und aus dieser Bedingung wollen wir das gesuchte x berechnen.

1.5   Die mathematische Lösung

Das ist jetzt ein wenig Analysis, die ein ungeübter Leser gern überspringen darf. Steigen Sie erst im nächsten Abschnitt wieder ein, wo wir das Ergebnis interpretieren werden.

Zur Minimumbestimmung sagt uns die Analysis, wir sollen die erste Ableitung bilden und gleich null setzen. Das damit hoffentlich zu findende x liefert uns dann ein Extremum oder auch nur einen Sattelpunkt. Im Prinzip müssen wir dann noch die zweite Ableitung bilden. Ist sie an der zu untersuchenden Stelle x positiv, so liegt wirklich ein Minimum vor.

Bilden wir also munter die erste Ableitung obiger Zeitfunktion nach dem Ort x:

$$t = \frac{x_0 - x}{v_0} + \frac{\sqrt{A^2 + x^2}}{v},$$

$$\frac{dt}{dx} = -\frac{1}{v_0} + \frac{1}{v} \cdot \frac{1 \cdot 2x}{2 \cdot \sqrt{A^2 + x^2}} = -\frac{1}{v_0} + \frac{1}{v} \cdot \frac{x}{\sqrt{A^2 + x^2}}.$$

Das setzen wir gleich null und lösen nach x auf:

$$-\frac{1}{v_0} + \frac{1}{v} \cdot \frac{x}{\sqrt{A^2 + x^2}} = 0 \quad \Longrightarrow \quad \frac{v}{v_0} = \frac{x}{\sqrt{A^2 + x^2}}.$$

Daraus folgt

$$x^2 = \frac{v^2}{v_0^2} \cdot (A^2 + x^2) \quad \Longrightarrow \quad \frac{x^2 \cdot v_0^2}{v^2} - x^2 = A^2.$$

Das ergibt

$$x = \frac{A}{\sqrt{\frac{v_0^2}{v^2} - 1}}.$$

Der gesuchte Ort ist also

$$x = \frac{A}{\sqrt{\frac{v_0^2}{v^2} - 1}}. \tag{1.7}$$

Jetzt müssten wir die 2. Ableitung bilden und zeigen, dass sie für obiges x positiv ist, damit wir sicher ein Minimum vor uns haben. Das überlassen wir den echten Mathefreaks.

Wir wollen uns lieber mit dieser Lösung noch etwas beschäftigen und sie richtig interpretieren.

Die entstandene Lösungsformel

$$x = \frac{A}{\sqrt{\frac{v_0^2}{v^2} - 1}} \tag{1.8}$$

sieht im ersten Moment nichtssagend aus; wenn wir aber genau hinschauen, entdecken wir doch manch interessante Aspekte.

1. Zunächst stellen wir fest, dass wir bei der ganzen Herleitung nie wirklich etwas über Hunde gebraucht haben. Die gleichen Gedanken gelten auch für Hasen, falls die schimmen können, oder Menschen, die vielleicht als Rettungsschwimmer ein Kind aus Seenot befreien wollen. Tatsächlich war das auch der zweite Aspekt des

Fernsehteams, das Verhalten von Menschen in dieser Situation zu beobachten und mit den Hunden zu vergleichen.

2. Als nächstes sehen wir schon als rechte Überraschung, dass unser Ausgangspunkt x_0 in der Formel nicht mehr auftritt. Das bedeutet, er ist zur Lösung des Problems unwichtig; allerdings sollte er weiter von Null entfernt sein als x, wie wir stillschweigend vorausgesetzt haben; sonst liefert unsere Formel (1.3) bereits eine negative Zeit, was unsinnig wäre. Unser Punkt x, wo der Hund oder der Mensch ins Wasser muss, wird aber nicht vom Ausgangspunkt x_0 beeinflusst. Natürlich muss man länger laufen, wenn man weiter weg steht, aber diese Zeit addiert sich einfach zur Gesamtzeit hinzu.

3. Der Punkt x des ‚Wasserns' wird nur beeinflusst von den beiden Geschwindigkeiten, die der Proband am Land und im Wasser als eigene Größe besitzt, ist also eine individuelle Kenngröße.

4. Tatsächlich beeinflusst sogar nur das Verhältnis dieser beiden Geschwindigkeiten den 'Wasserpunkt' x.

5. Die Gleichung (1.7) ist eine lineare Beziehung zwischen dem ‚Wasserpunkt' x und dem Punkt A des Stockes, und der Wurzelfaktor

$$\frac{1}{\sqrt{\frac{v_0^2}{v^2} - 1}}$$

ist der Proportionalitätsfaktor. Er bestimmt die Steigung der linearen Beziehung, also der Geraden. Anders ausgedrückt: Wir erhalten einen Winkel, der individuell für jeden Schwimmer als eigene Konstante lediglich aus seinen Renn- und Schwimmkünsten festgestellt werden kann. Mit diesem Winkel muss er vom Ufer aus auf das Objekt zuschwimmen, wenn er seitlich entfernt ist.

Vielleicht wäre es ja eine Idee, jedem Menschen seinen persönlichen Winkel mitzuteilen, damit er oder sie im Notfall schnell genug zur Stelle ist. Hat nicht auch Tarzan so seine Jane aus dem

Treibsand gerettet? Man muss dann nur ständig einen Winkelmesser in der Hosentasche haben. Aber den braucht man ja auch beim Rückwärtseinparken, vgl. [9].

6. Der Winkel ist nicht abhängig vom Abstand A unseres Stöckchens. Wenn unser Gegenstand weiter vom Ufer entfernt ist oder näher dran liegt, so bleibt der Winkel trotzdem immer gleich; das bedeutet, dass unsere Schwimmbahnen alle parallel im Wasser verlaufen, je nachdem wo A liegt.

1.6 Beispiele

Wie wird unsere Formel

$$x = \frac{A}{\sqrt{\frac{v_0^2}{v^2} - 1}} = \frac{A}{\sqrt{\left(\frac{v_0}{v}\right)^2 - 1}} \tag{1.9}$$

in der Praxis verwendet?

Wir müssen zuerst unsere eigenen Daten, nämlich unsere Laufgeschwindigkeit v_0 an Land und unsere Schwimmgeschwindigkeit v im Wasser bestimmen. Dann müssen wir den Abstand A des Gegenstandes vom Ufer kennen, also die Länge der Senkrechten auf den Uferrand zu. Dann müssen wir rechnen.

Wir dividieren v_0 durch v, quadrieren das und subtrahieren 1, dann die Wurzel ziehen und A durch diesen Faktor teilen. Das gibt den Punkt x, gemessen vom Treffpunkt der Senkrechen auf das Ufer. Dort muss man ins Wasser.

Vielleicht will man ja nicht ständig mit Maßband und Taschenrechner (und der Formel im Hinterkopf) durch die Gegend rennen. Es reicht ja, wenn man seinen persönlichen Schwimmwinkel kennt. Dann müssen Sie nur den Winkelmesser mit sich herum tragen.

Hier also für jeden Mitmenschen und Mithund die genaue Vorschrift zur Berechnung des Winkels, mit dem er oder sie sich dem Stock zu nähern hat.

Erinnern wir uns an die 10. Klasse. Der Tangens eines Winkels α ist

$$\tan \alpha = \frac{\text{Gegenkathete}}{\text{Ankathete}} = A/x.$$

Aus der Formel (1.7) und der Skizze auf S. 3 folgt:

$$\tan \alpha = \frac{A}{x} = \sqrt{\frac{v_0^2}{v^2} - 1} = \sqrt{\left(\frac{v_0}{v}\right)^2 - 1}. \tag{1.10}$$

Also, dividieren Sie Ihre Laufmeter/sec durch ihre Schwimmmeter/sec und quadrieren Sie den Quotienten. Subtrahieren Sie 1 und ziehen Sie die Wurzel. Jetzt noch auf dem Taschenrechner die Tasten $\boxed{\text{inv}}$ $\boxed{\text{tan}}$ suchen und drücken (also den Arkustangens bilden), und schon haben Sie Ihren eigenen Schwimmwinkel, wenn Sie denn den Taschenrechner auf ‚deg' eingestellt haben. Sonst haben Sie den Winkel vielleicht im Bogenmaß und müssen noch mal umrechnen.

Für einen Hochleistungssportler mit 100 Meter in 10 Sekunden und 1 m/sec im Wasser heißt das:

1. 10 Meter/sec dividiert durch 1 Meter/sec ergibt den Faktor 10.

2. Quadriert und 1 subtrahiert ergibt 100 - 1 = 99

3. Wurzel daraus ergibt ungefähr 9.94987.

4. Der Arkustangens hiervon ist ein Winkel von ungefähr 84 Grad.

Denken wir uns jetzt einen Erpel, der ja nicht gar so schnell auf dem Land unterwegs ist, wenn es nicht gleich ein Rennerpel ist. Nehmen wir an, er watschelt so gut 50 cm pro Sekunde an Land und schwimmt vielleicht 40 cm pro Sekunde im Wasser.

Dann rechnen wir

$$\alpha = \arctan\left[\left(\sqrt{\frac{v_0^2}{v^2} - 1}\right)\right] = \arctan\left[\left(\sqrt{\left(\frac{50}{40}\right)^2 - 1}\right)\right]$$

$$= \arctan[0.75] \approx 37 \text{ Grad.}$$

Also impfen Sie Ihrer Quietscheente früh genug diesen Winkel ein, damit sie eventuell in der Lage ist, Sie aus Seenot zu befreien.

1.7   Können Hunde wirklich rechnen?

Noch ein Wort zu der Fernsehsendung (SternTV vom 14. Sep. 2005), in der Hunde gegen Männer wetteiferten. Tatsächlich gingen die Männer direkt ins Wasser und schwammen auf den Ball zu. Daher brauchten sie eine ziemlich lange Zeit, um den Ball zu greifen. Viele der beobachteten Hunde schienen da klüger zu sein und rannten erst eine Weile am Ufer entlang. Manche Hunde fanden sogar angenähert den optimalen Punkt. So hatte es ja auch der Amerikaner Pennings mit seinem Hund herausgefunden.

Das ist schon reichlich seltsam, dürfte aber seine Erklärung im seit Jahrtausenden geübten Jagdverhalten der Hunde haben. Die natürliche Auslese tat ihr Übriges. Ein Hund, der den optimalen Winkel fand, war schneller bei der Beute, und die anderen, dümmeren hatten das Nachsehen und starben aus.

Wir Menschen suchen schon seit Jahrhunderten nicht mehr in der Weise unser Überleben zu sichern. Darum sind wir instinktiv den Hunden unterlegen. Aber dann wiederum sind wir in der Lage, unseren Geist einzusetzen und den wirklich optimalen Punkt zu berechnen. Dazu wird es bei Hunden niemals kommen, mögen sie noch so schlau dreinblicken.

Vielleicht aber sollte man für die Rettungsschwimmer an Seen oder gar am offenen Meer eine kleine Nachschulung in Sachen optimaler Wasserpunkt durchführen. Wenn da draußen im Wasser nämlich ein Kind Hilfe benötigt, kann diese halbe Minute, die uns die Mathematik beschert, schon von entscheidender Bedeutung sein.

1.8   Ausblick

Die Fragestellung führt uns auf ein sogenanntes Optimierungsproblem. Gesucht wird eigentlich eine Kurve, die uns zur optimalen Lösung führt. Eine ganze Teildisziplin der Mathematik, die Variationsrechnung, befasst sich mit dieser Fragestellung. Dadurch, dass wir hier schön gleichmäßig auf Geraden laufen oder schwimmen, wird die ganze Schwierigkeit der Aufgabe wesentlich abgemildert und es bleibt eine Mini-Max-Aufgabe der Schulmathematik übrig. Wenn wir aber noch Strömungen im Gewässer zulassen oder Gegenwind und Berge am Rand des Teiches berücksichtigen wollen, wird alles sehr viel schwieriger. Dann braucht man wirklich hohe Mathematik, um zu Lösungen zu kommen, und das gelingt häufig nur noch näherungsweise.

Kapitel 2

Wie viel wiegt ein Schwein?

2.1 Einleitung

Gegeben sei ein zylindrisches Schwein!

Ist das nicht ein herrlicher Anfang für eine mathematische Übungsaufgabe? So ein Nonsens, ein Schwein ist doch kein Zylinder, auch keine Tonne oder eine Kugel. Aber so ist das mit der Natur. Sie lässt sich nicht so leicht in ein Schema und ein Schwein nicht in eine Formel passen. Braucht man denn solch eine Formel?

2.2 Das Schweinegewicht

Nun, die Tante meiner Frau hatte ein Schwein im Stall. Das war spannend für die Kinder, aber diente natürlich nicht so sehr der Belustigung, sondern ausschließlich der Ernährung.

Dazu musste es eines Tages geschlachtet werden. Die spannende Frage
war, wie viel Meter Wurst das Tierchen wohl hergeben würde, wie groß
würden wohl die Schinken sein und wie viel Gewürze benötigte man für
die Grützwurst.

Zu all dem brauchte man das Gewicht der Sau. So eine große Waage
aber besaß Tantchen nicht, auch nicht der Nachbar und auch nicht der
Metzger. Da war das Problem:

Das Schweine-Problem

Wie schwer ist ein Schwein?

2.3   Masse und Gewicht

Hier müssen wir die Begriffe erklären. Ist denn nicht Masse und Gewicht
dasselbe? Nein!

Die Masse m ist eine Eigenschaft von Körpern oder von Materie. Sie wird
gemessen in Kilogramm und daraus abgeleiteten Größen wie Gramm oder
Milligramm oder Zentner oder Tonne usw. Die Masse eines Körpers ist
überall gleich, denn sie ist unmittelbar mit dem Körper verbunden.

Ganz anders das Gewicht. Die Physik bezeichnet das Gewicht richtiger-
weise als Gewichtskraft, denn es ist eine Kraft, die durch ein Schwerefeld
auf einen Körper ausgeübt wird. Unser Schwein steht im Stall, und dort
wirkt wie überall auf der Erde die Anziehungskraft der Erde. Die Gewichtskraft G ist dann

$$\text{Gewichtskraft } G = m \cdot g \qquad (2.1)$$

Dabei ist

$$\text{Erdbeschleunigung } g = 9.81 \left[\frac{m}{s^2} \right]. \tag{2.2}$$

Isaac Newton (1643-1727)zu Ehren wird die Kraft in Newton N gemessen mit den Einheiten:

$$1 \ [N] = \left[\frac{kg \times m}{s^2} \right] \tag{2.3}$$

Lesen wir jetzt die Gleichung (2.1) von rechts nach links, so bekommen wir eine Beziehung zwischen der Einheit N und dem Kilogramm kg. Es ist nämlich

$$1\text{kg} \ \cdot 9.81 \left[\frac{m}{s^2} \right] = 9.81[N] \tag{2.4}$$

,

Als Merkregel hilft die Näherung

1 Kilogramm Masse erzeugen 10 N Kraft!

Vielleicht hilft Ihnen ja die Eselsbrücke, dass eine 100g-Tafel Schokolade eine Gewichtskraft von $1 \ N$ ausübt. Also das geht doch leicht: Eine Tafel Schokolade erzeugt $1 \ [N]$.

Mit diesen Erläuterungen verstehen wir jetzt auch die Kinderfrage:

Was ist schwerer: ein Kilo Eisen oder ein Kilo Federn?

Immer ist mit Kilo natürlich Kilogramm gemeint. Wenn man beide Sachen, also z. B. eine Tüte Milch und ein Federbett, das ja so ungefähr ein Kilogramm Masse hat, auf eine Balkenwaage legt, so zeigt die Waage Gleichgewicht. Kilogramm ist Kilogramm. Beide bewirken dieselbe Kraft auf die beiden Seiten der Waage. Beide sind also gleich schwer. Man verwechselt das mit der Größe oder dem Volumen. Ein Federbett ist ganz schön umfangreich, hat aber im Mittel nur ein Kilogramm Federn in sich. Eine Tüte Milch ist klein und handlich, ebenfalls mit ca. einem Kilogramm. Das bringt vor allem Kinder leicht etwas durcheinander.

Man kann den Unterschied zwischen Masse und Gewicht noch deutlicher machen, wenn wir uns auf den Mond beamen. Der Mond ist viel kleiner als die Erde und hat daher eine Gravitation, die nur ein Sechstel der Erdanziehung ausmacht. Das bedeutet dann zum Beispiel für eine Milchtüte mit einem Liter Inhalt, wobei wir die Masse der Tüte vernachlässigen, dass diese Tüte auf der Erde und auf dem Mond eine Masse von einem Kilogramm hat. Ihr Gewicht ist aber sehr verschieden. Dort würde sie nur soviel wiegen, wie ein Sechstel der Tüte hier auf der Erde wiegen würde. Sechs Tüten Milch, die auf der Erde etwa sechs Kilogramm Masse haben, würden auf dem Mond soviel wiegen, wie eine einzige Tüte hier auf der Erde wiegt.

Mit diesen Erläuterungen werden wir jetzt für unser Schwein physikalisch korrekt nach seiner Masse, gemessen in Kilogramm, fragen. Schließlich möchten wir ja am Sonntag 300 gr Filet essen und nicht ein $0.300 \times 9.81 = 2.943\ N$ schweres Stück Fleisch.

2.4   Die mathematische Formel

Wie schon so oft sind wir wieder an der Ecke, etwas bestimmen zu wollen, was wir nicht exakt bestimmen können. Zum Bestimmen des Gewichtes des Schweins müssten wir sein Volumen kennen. Schon Archimedes kannte den Trick mit dem Untertauchen, also das Schwein in die mit Wasser voll gefüllte Badewanne stecken und untertauchen. Dann misst man, wieviel Wasser übergelaufen ist. Jeder, der einen Hund besitzt, findet diese Idee nicht mal komisch. Und jetzt noch ein Schwein! Also bitte.

Wir müssen uns der Sache anders annähern. Und da kommt uns der Einfall: „Denken wir uns, das Schwein sei ein Zylinder". Das ist wirklich eine Annäherung; denn wenn man etwas Abstand hält, so schaut so eine Sau schon reichlich rundlich aus. Die Beine muss man angeklappt denken, und den Schwanz klebt man fest. Dann wird das ganze noch etwas zusammengestaucht, also in Gedanken, und schon sieht man den Zylinder vor sich.

In der achten Klasse lernen wir, wie man das Volumen eines Zylinders bestimmt:

$$\text{Zylindervolumen} = \text{Grundfläche mal Höhe.}$$

Die Grundfläche eines Zylinders ist ein Kreis mit dem Flächeninhalt

$$\text{Kreisinhalt} = \pi \cdot r^2.$$

Die Höhe ist die Länge des Schweins, wir sollten richtiger sagen, die effektive Länge, also die Länge der durch Stauchung erhaltenen gedachten Tonne. r ist der Radius. Der ist beim Schwein sicherlich schwer zu bestimmen. Zum Glück wissen die Mathematiker schon seit sehr langer Zeit, wie sich der Radius aus dem Umfang berechnen lässt:

$$\text{Kreisumfang } U = 2 \cdot \pi \cdot r.$$

Den Umfang kann man leicht bestimmen. Dann liefert uns diese Formel den Radius:

$$r = \frac{U}{2 \cdot \pi}. \hspace{3cm} (2.5)$$

Jetzt haben wir alles zusammen, um das Volumen unseres Tierchens zu berechnen. Wir messen mit einem Maßband den Umfang U, nicht gerade in der Mitte, wo es am dicksten ist, sondern irgendwo weiter hinten, damit wir einen mittleren Wert messen. Dann gilt:

$$V = \pi \cdot r^2 \cdot h = \pi \cdot \left(\frac{U}{2 \cdot \pi}\right)^2 \cdot h = \pi \cdot \frac{U^2}{4 \cdot \pi^2} \cdot h = \frac{U^2}{4 \cdot \pi} \cdot h. \hspace{0.3cm} (2.6)$$

Zur Bestimmung des Gewichtes brauchen wir das spezifische Gewicht eines Schweines. Da so ein Tier ähnlich wie wir Menschen gerade im Wasser schwimmen kann und Wasser das spezifische Gewicht 1 hat, wählen wir

$$\text{spezifisches Gewicht } \varrho = 0.9 \ \frac{g}{cm^3},$$

was aber reichlich willkürlich daherkommt. Wir sollten aber nicht vergessen, dass unsere ganze Rechnung nur eine Näherung ist, da mag eine grobe Schätzung $\varrho = 0.9$ genug sein.

Unser Gewicht erhalten wir dann mit (2.6) und mit (2.5):

$$m = \varrho \cdot V = 0.9 \cdot \pi \cdot r^2 \cdot h = 0.9 \cdot \frac{U^2}{4 \cdot \pi} \cdot h = 0.0716 \cdot U^2 \cdot h.$$

Das ist unsere Schweineformel.

> **Die Schweine-Formel**
>
> Ein Schwein der Länge h und dem mittleren Umfang U
> wiegt ungefähr
>
> $$m = 0.0716 \cdot U^2 \cdot h. \qquad (2.7)$$

Zur richtigen Anwendung müssen wir noch auf die Einheiten achtgeben. Interessant ist das Gewicht in Kilogramm, nicht in Gramm. Also wählen wir das spezifisches Gewicht in Kilogramm pro Kubikdezimeter, indem wir Zähler und Nenner mit 1000 multiplizieren. Dann müssen wir natürlich, um konsistent zu bleiben, auch den Umfang U und die Länge h in Dezimetern angeben.

2.5 Eine Näherungsformel aus der Praxis

Im Ostfriesland-Magazin (vgl. G. M. Ziegler in [19]) hat ein Leser für ein zwei Meter langes Schwein folgende Näherungsformel angegeben:

Man messe den Umfang U des Schweines, multipliziere ihn mit sich selbst und multipliziere das Ergebnis noch mit 1.4; dabei verrät er aber nicht, woher diese ominöse Zahl 1.4 kommt. Im Gegenteil, der Leser verweist in seinem Beitrag auf die Geheimnisse der Mathematik:

> *Es geht nicht ohne Mathemtik. Das vollständig abzuleiten, würde hier zu weit führen.*

Wir werfen jetzt nur noch einen kurzen Blick auf unsere Schweineformel (2.7)(und einen wissenden Blick auf den Leser) und erkennen:

Die Länge 2 Meter bedeutet für unsere Rechnung 20 Dezimeter. Damit folgt:

$$
\begin{aligned}
m &= 0.0716 \cdot U^2 \cdot h = 0.0176 \cdot U^2 \cdot 20 \\
&= 1.432 \cdot U^2,
\end{aligned} \tag{2.8}
$$

was die Formel des Lesers vollständig erklärt. Auch sein Beispiel ist klar: 120 cm Umfang sind 12 dm Umfang. $12 \times 12 = 144$, das wird mit 1.432 multipliziert, und man erhält das gesuchte Gewicht: ca. 200 kg.

Im selben Ostfriesland-Magazin beschreibt eine andere Leserin folgende Möglichkeit zur Bestimmung des Schweinegewichtes:

> *Man misst mit einem Metermaß das Schwein hinter den Vorderfüßen (um den Bauch), 1 m = 150 Pfund, jeder weitere cm = 5 Pfund.*

Also wird wohl auch hier das Schwein als Zylinder angesehen und sein mittlerer Umfang (hinter den Vorderfüßen!) bestimmt. Dann aber wird es mysteriös. Bei 1 m Umfang das Gewicht auf 150 Pfund fest zu legen, kann ja aus der Praxis herkommen. Ist das aber unabhängig von der Länge des Tieres? Dass dann noch jeder Zentimeter mehr an Umfang den gleichen Zuwachs an Gewicht bringen soll, ist gar nicht mehr mathematisch zu erklären. Der Kreisinhalt wächst doch quadratisch mit dem Umfang, was man leicht sieht, wenn man die Formel (2.5) in die Formel für den Kreisinhalt V einsetzt:

$$
V = \pi \cdot r^2 = \pi \cdot \frac{U^2}{4 \cdot \pi^2} = \frac{U^2}{4 \cdot \pi}.
$$

Auch erhielten wir für unser 2 m langes Schwein mit 120 cm Umfang ein viel geringeres Gewicht, nämlich

$$1 \text{ m} = 150 \text{ Pfund}, \; 20 \text{ cm} = 100 \text{ Pfund}$$

ergibt zusammen

$$150 \text{ Pfund} + 100 \text{ Pfund} = 250 \text{ Pfund} = 125 \text{ kg}.$$

Vielleicht hat sich ja die Formel für eine bestimmte Sorte Schwein mit immer der gleichen Länge und annähernd dem gleichen Umfang irgendwie bewährt, mathematisch herleitbar ist sie nicht.

Kapitel 3

Ziege oder Auto?

3.1 Das Ziegenproblem

Bei einer Quizshow steht der Kandidat (er sei wirklich männlich, schließlich geht es um Ziegen!) vor einer Ratewand mit drei Türen. Der Moderator erklärt, dass sich hinter zwei Türen jeweils eine Ziege befindet und hinter der dritten ein Superauto. Der Kandidat darf sich für eine Tür entscheiden.

Nennen wir zur Erklärung die Türen A, B und C. Kandidat wählt Tür A. Sie bleibt aber noch geschlossen.

Jetzt lugt der Moderator heimlich hinter die Türen und öffnet, nachdem er sich vergewissert hat, wo das Auto ist, Tür B. Dort schaut eine meckernde Ziege hervor.

Dann bietet er dem Kandidaten an, seine Entscheidung, die nun also nur noch zwischen Tür A und C schwankt, zu überdenken und eventuell umzuentscheiden.

Und nun die Frage: Sollte der Kandidat das Angebot annehmen und sich umentscheiden, also Tür C wählen?

Das Ziegen-Problem

Sollte der Kandidat sich umentscheiden ?

3.2   Die Antwort

Es sieht im ersten Moment so aus, als ob der Kandidat nach dem Öffnen der Tür B nur noch die Wahl zwischen zwei Türen hat und sich daher die Wahrscheinlichkeit auf den Gewinn zwar auf 1/2 erhöht hat, aber für beide Türen zugleich. Egal, welche Tür er wählt, es bleibt dieselbe Wahrscheinlichkeit auf das Auto. Aber denken wir korrekt.

Zu Beginn hatte der Kandidat die Wahl zwischen drei Türen. Seine Wahl von Tür A führt also mit der Wahrscheinlichkeit 1/3 zum Erfolg, also zum Auto. Jetzt kommt's: Die Wahrscheinlichkeit, dass hinter den Türen B oder C das Auto wartet, ist also 2/3. Das ändert sich auch nicht, wenn die Tür B geöffnet wird und die Ziege meckert. Zusammen mit C bleibt die Wahrscheinlichkeit 2/3. Da jetzt aber Tür B bekannt ist, besteht für Tür C alleine die Wahrscheinlichkeit 2/3.

Der Kandidat sollte also unbedingt seine Entscheidung für Tür A rückgängig machen und Tür C wählen.

So wie bei vielen meiner Bekannten sehe ich auch bei Ihnen, liebe Leserinnen und Leser, die Stirn in Falten gelegt. Sie trauen meiner Argumentation nicht ganz. Es sind doch am Schluss nur zwei Türen geschlossen. Hinter einer der beiden steht das Auto, hinter der anderen die Ziege als

Niete. Das ist doch die Wahrscheinlichkeit für jede Tür 1/2, das Auto zu gewinnen, oder? Da beißt doch die Maus keinen Faden ab!

Doch, sie beißt, denn jetzt komme ich mit weiteren Argumenten. Ich schlage Ihnen ein kleines Spiel vor, das Sie mit irgend jemandem oder auch allein spielen können.

Wir ändern die Spielregel dazu etwas ab und nehmen jetzt sechs Türen. Sie sehen gleich, warum gerade sechs. Hinter einer steht ein Auto, hinter den anderen fünf meckernde Ziegen. Sie können sich ja dazu sechs DIN A4 Blätter nehmen, können auch bedruckte sein, die Sie falten und als Türen aufstellen. Haben Sie noch ein Spielzeugauto Ihrer Kinder? Als Ziegen reichen vielleicht fünf unnütze Steinchen. Spielt jetzt jemand mit Ihnen, so sind Sie der Moderator. Nehmen wir an, der Mitspieler misstraut unserer Aussage und wird daher seine erste Wahl nicht abändern, komme, was da mag. Dann spielen Sie halt zwölfmal mit ihm. Sie verstecken immer ein Auto und die fünf Steine, er wählt sich eine Tür. Sie schauen hinter die Türen und öffnen vier Türen. Seine gewählte und eine weitere Tür bleiben geschlossen. Sie werden sehen, dass Sie häufig als zweite Tür die mit dem Auto geschlossen halten müssen. Nur in dem Fall, dass er aus Zufall oder Glück die Tür mit dem Auto wählt, lassen Sie eine beliebige andere Tür zu. Aber wie oft wird er gerade diese Tür erwischen? Genau, in einem von sechs Fällen. In dem Fall gewinnt er. Und wie oft verliert Ihr Mitspieler?. Wenn Sie lange genug spielen, sollte und wird er eben in fünf von sechs Fällen verlieren.

Machen Sie das Gegenspiel mit ihm und bitten Sie ihn, stets die Tür zu wechseln. Dann sollte und wird er in fünf von sechs Fällen gewinnen.

Sie können das Spiel auch ohne Mitspieler allein spielen. Dazu brauchen Sie einen Würfel. Damit wird klar, warum wir sechs Türen nehmen. Würfeln Sie einmal. Die Augenzahl gibt die Tür an, hinter die Sie das Auto stellen. Nehmen wir an, dass Sie eine vier gewürfelt haben und jetzt also das Auto hinter Tür 4 steht.

Jetzt würfeln wir ein zweites Mal. Diese Augenzahl gibt die Tür an, die der Kandidat oder die Kandidatin wählt. Nehmen wir an, es sei die 2 gewürfelt worden. Sie wissen ja, dass hinter Tür 4 das Auto steht, also öffnen Sie im Geiste jetzt die Türen 1, 3, 5,und 6. Alle mit einer Ziege, also einem Steinchen. Geschlossen sind nur noch die Türen 2 und 4.

Wie sieht jetzt Ihre Überlegung aus? Nehmen wir an, Sie behaupten, dass immer noch die Wahrscheinlichkeit 1/2 besteht, dass hinter Tür 2 oder Tür 4 das Auto steht, also wechseln Sie nicht, sondern bleiben bei Tür 2. Sie verlieren, wenn Sie die Tür öffnen. Warum das? Weil die Wahrscheinlichkeit bei sechs Türen für jede Tür 1/6 ist, dass sich das Auto dahinter befindet. Wenn Sie also Tür 2 wählen, ist die Wahrscheinlichkeit 1/6, dass Sie gewinnen. Die anderen fünf Türen haben zusammen 5/6 Gewinnwahrscheinlichkeit. Das Öffnen von vier Türen ändert diese Wahrscheinlichkeit nicht, immer noch ist die Wahrscheinlichkeit 5/6, dass sich hinter Tür 4 das Auto befindet

Spielen Sie diese Situation jetzt zwölfmal durch immer mit dem Argument, dass ein Wechsel nicht lohnt, sondern es immer bei Wahrscheinlichkeit 1/2 bleibt. Dann sage ich Ihnen voraus, dass Sie, wenn Sie nicht wechseln, in ungefähr zehn Spielen verlieren und nur in zwei Fällen gewinnen. Das unterstützt doch meine Argumentation.

Eine kleine Bemerkung darf nicht fehlen. Schauen wir noch einmal auf das erste Spiel zurück, wo das Auto hinter Tür 4 stand. Wir haben dort eine Besonderheit schon kurz angedeutet. Wenn Sie zufällig Tür 4 wählen, dann öffnet der Moderator natürlich auch vier Türen, lässt natürlich Tür 4 geschlossen und öffnet irgend eine der anderen Türen. Dabei darf er natürlich nicht grinsen oder sich auf andere Weise verraten. Da muss volles Pokerface herhalten.

Jetzt ein noch hinterhältigeres Argument: Nehmen Sie hundert Türen, ein Auto und 99 Ziegen. Das Auto stehe hinter Tür 100. Sie wählen Tür 1 als zufällige Wahl. Jetzt öffnet der Moderator die Türen 2 bis 99, alle mit

Ziegen dahinter. Und jetzt bleiben Sie bei Tür 1? Dass sich hinter Tür 1 das Auto befindet, tritt mit Wahrscheinlichkeit 1/100 ein. Mit 99/100 Wahrscheinlichkeit steht das Auto doch hinter Tür 100.

3.3   Die Todeskandidaten

Das folgende Problem beschreibt denselben Irrtum, aber in einer irgendwie gräuslichen Art. Da es schon ein sehr altes Problem ist, will ich es hier anfügen.

Drei Verbrecher sitzen im Gefängnis und warten auf die Vollstreckung der gegen sie verhängten Todesstrafe. Allerdings sollen nur zwei Urteile vollstreckt werden. Da wendet sich der erste Kandidat an seinen Wärter und fragt: „Sag mal, Du weißt doch, wer von uns sterben soll. Bitte nenne mir doch wenigstens von den beiden anderen Kandidaten Nr. 2 und Nr. 3, wer zu den Unglücklichen gehört. Einer von ihnen ist es doch sicher. " Der Wärter sagt nach kurzem Überlegen: „Kandidat Nr. 2 wird sterben.“

Jetzt überlegt der erste Kandidat: Vor der Aussage des Wärters hatte ich eine Überlebenswahrscheinlichkeit von 1/3. Jetzt habe ich eine Chance 1/2, da ja nur noch zwei Kandidaten, Nr. 3 und ich, in die Rechnung einbezogen werden müssen.

Aber hier unterliegt er dem gleichen Fehlschluss wie oben bei den Ziegen. Der Wärter entspricht hier dem Moderator, der immer eine Tür öffnet. Und er öffnet ja immer eine Ziegentür. Entsprechend nennt er hier den Todeskandidaten. Aber die Wahrscheinlichkeit für Kandidat 1 zu überleben, ist nicht geändert, denn er hat ja keinerlei Informationen, die ihn betreffen, erhalten. Sie bleibt bei 1/3.

3.4   Zwei Mädchen

Hier sei noch ein kleines Beipiel angefügt, dass uns warnen soll, wie
schnell man in einen Fehlschluss hineinläuft.

Stellen Sie sich vor, Sie treffen Bekannte, die Ihnen erzählen, dass Sie
zwei Kinder haben. Im Laufe des Gesprächs kommt heraus, dass eines
der beiden Kinder ein Mädchen ist. Jetzt kommt meine Frage: Wie groß
ist die Wahrscheinlichkeit, dass auch das zweite Kind ein Mädchen ist?

Eigentlich doch eine ziemlich harmlos daherkommende Frage. Klar, für
das zweite Kind besteht die Möglichkeit, dass es ein Junge oder ein
Mädchen ist, also Wahrscheinlichkeit 1/2, ist doch sonnenklar.

Aber Achtung, aufgepasst und richtig nachgedacht. Für zwei Kinder gibt
es folgende Kombinationsmöglichkeiten:

Junge – Junge, Junge – Mädchen, Mädchen – Junge, Mädchen
– Mädchen

Das sind vier Möglichkeiten. Eine davon fällt in unserem Fall aus, weil
wir ja wissen, dass auf jeden Fall ein Kind ein Mädchen ist, Kombination
Junge – Junge also weg. Es bleiben aber noch drei Möglichkeiten. Und
nur eine davon, nämlich Mädchen – Mädchen ist günstig. Also ist die
Wahrscheinlichkeit für das zweite Kind, ein Mädchen zu sein, 1/3 und
nicht 1/2.

Anders ist es, wenn wir zusätzlich wissen, dass z.B. das ältere Kind ein
Mädchen ist. Dann gibt es nur noch zwei Möglichkeiten für das zweite
Kind, nämlich Mädchen – Junge und Mädchen – Mädchen. In dem Fall
ist also 1/2 die richtige Antwort. Aber diese Zusatzinformation fehlt bei
obiger Frage.

Eine Bemerkung müssen wir für Freaks der Wahrscheinlichkeitsrechnung unbedingt anfügen. Wir haben in diesem Beispiel so, wie es im üblichen Gebrauch ist, stets von Wahrscheinlichkeit und nicht von relativer Häufigkeit gesprochen. Dabei benutzen wir den von Laplace eingeführten Wahrscheinlichkeitsbegriff:

Definition 3.1 *Die Wahrscheinlichkeit P (probability) eines Ereignisses A wird definiert als*

$$P(A) = \frac{Anzahl\ g\ der\ günstigen\ Elementarmerkmale}{Anzahl\ m\ der\ gleichmöglichen\ Elementarmerkmale} \qquad (3.1)$$

Für weitere Einzelheiten verweise ich auf das Buch [10].

Kapitel 4

Wie viel Urin ist noch in der Blase?

4.1 Einleitung

Da rief mich eines Tages unser Hausarzt an und hatte folgendes Problem:

Ich untersuche mit meinem Ultraschallgerät meine Patienten. Häufig geht es gerade bei älteren Menschen um die Blase. Die ist leicht zu finden, denn die Restflüssigkeit wirft einen guten Schatten. Mit meinem Gerät kann ich ziemlich leicht den Durchmesser der Blase mit der Restflüssigkeit bestimmen. Aber wichtig für die weitere Behandlung ist es zu wissen, wie viel Flüssigkeit noch vorhanden ist.

Das Blasen-Problem
Wie kann man aus dem Durchmesser der Blase auf deren Inhalt schließen?

4.2   Die Blase als Kugel

Ha, welch ein gefundenes Fressen für einen Mathematiker. Betrachten wir
so, wie wir das Schwein als Zylinder angeschaut haben, die Blase als Kugel
(vgl. Kapitel 2). Dann müssen wir also das Kugelvolumen bestimmen.
Erinnern wir uns an die Schule. Dort lernten wir:

Satz 4.1 *Das Volumen V einer Kugel vom Radius r beträgt*

$$V = \frac{4}{3} \cdot \pi \cdot r^3. \tag{4.1}$$

Also, wir nehmen die Hälfte des Durchmessers, das ist der Radius r.
Der wird dreimal mit sich selbst multipliziert, das ergibt r^3, hurtig mit
$\pi \approx 3.14159$ und mit 4/3 multipliziert, und schon steht das Volumen auf
dem Display des Taschenrechners.

Diese Erklärung dauerte am Telefon fünf Minuten. Wir haben uns aber
verkniffen, eine Rechnung „Beratung, auch telefonisch, 10 €" loszuschicken.

4.3   Oberfläche und Volumen von Kugeln

Mathematisch interessant ist der Vergleich in verschiedenen Dimensio-
nen. Denken wir zuerst an die Ebene. Dort ist die Kugel unser Kreis.

Ebene:	Kreisvolumen	$\pi \cdot r^2$,	Kreisumfang	$2 \cdot \pi \cdot r$,
Raum:	Kugelvolumen	$\frac{4}{3} \cdot \pi \cdot r^3$,	Kugeloberfläche	$4 \cdot \pi \cdot r^2$.

Das sind vier Formeln, die man eigentlich auswendig lernen sollte. Der Autor hasst es, irgend etwas auswendig zu lernen, wenn man es auf andere Weise herleiten kann.

Schauen Sie sich doch die Formeln noch einmal genau an. Da fällt Ihnen vielleicht etwas auf. Der Kreisumfang könnte doch aus dem Kreisvolumen *durch Ableitung nach r* entstanden sein. Das sieht nach Zufall aus; aber interessanterweise kommt es bei der Kugeloberfläche zum selben Zusammenhang mit dem Kugelvolumen. Wieder leitet man das Volumen nach r ab und erhält den Umfang.

Das sieht nicht mehr nach Zufall aus, es könnte gesetzmäßig sein.

4.4   Oberfläche und Volumen von Kugeln im $\mathbb{R}^n$

Die Studierenden lernen im zweiten Semester, wie groß das Volumen einer n-dimensionalen Kugel ist.

Satz 4.2 (n-dim. Kugelvolumen) *Das Volumen V_n der n-dimensionalen Kugel beträgt*

$$V_n = r^n \cdot \frac{\sqrt{\pi}^{\,n}}{\Gamma\left(\frac{n}{2}+1\right)} \tag{4.2}$$

Nur um unsere geliebten Formeln für das Kreisvolumen wieder zu finden, erzählen wir ein paar Schnacks über die Gamma-Funktion $\Gamma(x)$. Sie hängt sehr eng mit den Fakultäten zusammen. Sie ist für alle reellen Zahlen $x \geq 0$ definiert, ja, man kann sie sogar für negative Zahlen erklären, bei den negativen ganzen Zahlen aber ist sie singulär.

Für natürliche Zahlen gilt:

$$\Gamma(n) = (n-1)!, \qquad \text{für} \quad n = 1, 2, 3, \ldots$$

Das bedeutet also z.B.:

$$\Gamma(1) = 0! = 1, \quad \Gamma(2) = 1! = 1, \quad \Gamma(3) = 2! = 1 \cdot 2 = 2, \quad \Gamma(4) = 3! = 6, \ldots$$

Dann kennt man die berühmte Funktionalgleichung

$$\Gamma(x+1) = x \cdot \Gamma(x), \qquad x \geq 0,$$

und man weiß den speziellen Wert

$$\Gamma\left(\frac{1}{2}\right) = \sqrt{\pi}.$$

Mit diesen Kenntnissen finden wir damit aus (4.2):

$$V_2 = r^2 \cdot \frac{\sqrt{\pi}^2}{\Gamma\left(\frac{2}{2} + 1\right)} = r^2 \cdot \pi,$$

was wir ja schon wussten.

Satz 4.3 (n-dim. Kugeloberfläche) *Die Oberfläche O_n der n-dimensionalen Kugel beträgt*

$$O_n = r^{n-1} \cdot \frac{2 \cdot \sqrt{\pi}^{\,n}}{\Gamma\left(\frac{n}{2}\right)} \tag{4.3}$$

Vergleichen wir die beiden Formeln für das Volumen (4.2) und für die Oberfläche (4.3), so sehen wir tatsächlich wieder, dass wir nur das Volumen nach r ableiten müssen, um die Oberfläche zu erhalten.

Bemerkung 4.1

1. *Diese Erkenntnis war vermutlich der Anlass dafür, dass wir in der Mathematik die Oberfläche O eines Gebietes V mit $O = \partial V$ bezeichnen. Dieses Symbol ∂ bezeichnet sonst die partielle Ableitung, also bei mehreren Veränderlichen die Ableitung nach einer der Variablen, während die anderen konstant gehalten werden. Es ist also eine eingeschränkte Art der Ableitung. Und die Oberfläche einer n-dimensionalen Kugel erhalten wir aus ihrem n-dimensionalen Volumen, indem wir die Formel nach r ableiten.*

2. *Eine interessante Bemerkung sei uns zum Schluss dieses Kapitels erlaubt. Schauen Sie sich die Formel für das Volumen einer n-dimensionalen Kugel noch einmal an und lassen wir n immer größer werden. Die Gamma-Funktion hängt mit der Fakultät zusammen; die aber wird furchtbar schnell furchtbar groß. Erinnern Sie sich, dass wir seinerzeit versucht haben, mit einem Taschenrechner die Fakultäten auszurechnen? Bei 70 war Schluss mit lustig, da streikte der Rechner, das konnte er nicht mehr:* `ERROR` *war*

*die Antwort. Diese Fakultäten stehen im Nenner, also geht das Vo-
lumen einer n-dimensionalen Kugel gegen null. Das ist in der Tat
reichlich merkwürdig. Erwartet hätte man doch, dass das Volumen
immer größer wird. Man muss es so hinnehmen, so ist die Mathematik immer voll Überraschungen.*

4.5   Erdball und Seil

Diese für viele doch recht überraschende Aufgabe geisterte mal durch die
Schulklassen. Wir legen ein Seil um den ganzen Erdball, also 40 000 km
lang. Frage: Wieviel Seillänge muss man zulegen, um überall durchkrab-
beln zu können? Das Seil möchte also überall auf der Erde einen Abstand
von, sagen wir, einen Meter haben. Was schätzen Sie, wieviel Meter oder
Kilometer müssen wir zugeben. Betrachten Sie dazu folgende Skizze:

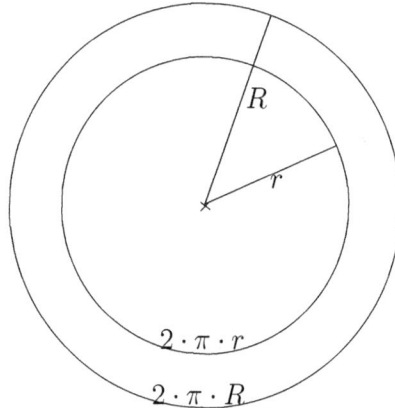

Abbildung 4.1: Der Erdball mit Radius r und das im Abstand 1 m darum
gelegte Seil mit Radius R

Auf Seite 34 haben wir die Formel für den Umfang eines Kreises, dessen

Radius r bzw. R ist, angegeben:

$$u = 2 \cdot \pi \cdot r, \quad U = 2 \cdot \pi \cdot R \qquad (4.4)$$

Wir wissen den Radius r der Erdkugel und den Radius des Kreises mit einem Meter Abstand, der ist nämlich $R = r + 1$. So haben wir ihn ja gewählt. Aus (4.4) erhalten wir jetzt leicht:

$$U = 2 \cdot \pi \cdot R = 2 \cdot \pi \cdot (r + 1) = 2 \cdot \pi \cdot r + 2 \cdot \pi = u + 2 \cdot \pi \qquad (4.5)$$

Wenn wir also den Radius um einen Meter vergrößern wollen, müssen wir den Umfang um $2 \cdot \pi$ m, also ungefähr 6.2 m vergrößern. 6.2 m Zugabe reichen aus, damit das Seil um den Erdball herum überall einen Meter Abstand hat. Das ist an sich schon verblüffend, wenn wir an die 40 000 km Umfang der Erde denken. Die Verblüffung sollte aber noch größer werden, wenn wir die Formel (4.5) richtig lesen. Dort steht auf der rechten Seite nirgends der Radius r oder R. Der Summand $2 \cdot \pi$ ist also unabhängig von der Größe des betrachteten Objektes. Wir können also ein Seil um die Erdkugel oder um einen Fußball legen. Damit dieses Band den Abstand 1 m überall bekommt, müssen wir 6.2 m zugeben, beim Erdball und auch beim kleinen Fußball. Ist das nicht überraschend?

Kapitel 5

Große und riesengroße Zahlen

5.1 Wie heißt die größte Zahl?

Probleme mit Zahlen? Oh ja, als Kinder waren wir versessen auf die größte Zahl, „die es gibt".

Erstes Zahlenproblem

Wie lautet die größte Zahl, die es gibt?

War das eine Million? Schon kam mein Freund mit einer Milliarde. Da kannte ich aber Zweimilliarden, deutlich größer. Mit einer Billion wollte er mich schlagen. Mein Bruder verriet mir, dass eine Trillion größer ist. Mein Freund konterte noch mal mit einer Quadrillion, worauf ich aber sofort die Quintillion nachschieben konnte. Irgendwann verließen sie uns dann: Sextillion, Septillion, Oktillion, ja, ja, nicht? Was jetzt? Nonillion, hört sich reichlich komisch an.

Der Mathematiker macht das natürlich mit Zehnerpotenzen. Aber auf-
passen! Eine Million schreibt sich als 1 mit sechs Nullen: 1 000 000, dann
kommt die Milliarde mit neun Nullen: 1 000 000 000. Die Billion hat zwölf
Nullen: 1 000 000 000 000. Das ist anders in den USA. Dort kennt man keine Milliarde. Es folgt auf die Million sofort die Billion, und die schreibt
sich folgerichtig als 1 mit neun Nullen. Das muss man bedenken, wenn
man von dem phantastischen Haushalt der USA hört. Und es sollte be-
dacht werden bei einer Zusammenarbeit von ESA und NASA. Nicht dass
wieder eine Marsmission nur deshalb scheitert, weil die Europäer in Kilometern und die Amerikaner in Meilen rechnen, oder eben hier eine Billion
drei Nullen mehr oder weniger hat.

Bei uns geht das mit den Nullen in Sechserschritten weiter.

Million	1 000 000	$= 10^6$
Billion	1 000 000 000 000	$= 10^{12}$
Trillion	1 000 000 000 000 000 000	$= 10^{18}$
Quadrillion	1 000 000 000 000 000 000 000 000	$= 10^{24}$
$\vdots$		

Das lernten wir aber erst viel später, und es hat die ganze Fragestellung kaputt gemacht. Einfach langweilig, kein bisschen Phantasie, diese
Zehnerpotenzler.

5.2 Bibliothek von Laßwitz

Dieser Herr Laßwitz[1] hat sich was Lustiges ausgedacht. Eine Universal-
bibliothek, also eine allumfassende Bibliothek. Wie das?

---

[1]Kurt Laßwitz (1848–1910)

Wie viel Zeichen braucht man, um alles Erdenkliche niederzuschreiben? Wir brauchen das große und das kleine Alphabeth, die Zahlen 0 bis 9, die Zeichen Punkt, Komma, Strich (fertig ist das Mondgesicht), das Leerzeichen usw. Also wir sagen mal: Wir brauchen 100 Zeichen.

Ein stinknormales Buch hat vielleicht 200 Seiten, manche auch mehr. Zeigen wir uns großzügig und geben wir jedem Buch 1000 Seiten. Damit haben wir wirklich fast alle Bücher erfaßt. Sollte doch eins dicker sein, so teilen wir es auf in zwei Bücher. Wir betrachten also jetzt nur noch solche Normbücher.

Auf jeder Seite eines Normbuches seien 25 Zeilen, und jede Zeile enthalte 40 Zeichen. Auch das ist nur eine grobe Schätzung, um alle möglichen Bücher zu erfassen.

So, jetzt rechnen wir mal zusammen.

Ein solches Normbuch enthält also 1000 Zeichen auf einer Seite, also insgesamt $1\,000\,000$ Zeichen.

Wie viele mögliche Kombinationen davon gibt es, wie viele mögliche Normbücher also?

$$100^{1\,000\,000} = 10^{2\,000\,000}$$

Das wäre eine Bibliothek. Das erste Buch wäre das leere Buch, es enthielte nur Leerzeichen. Das zweite Buch ist nicht viel interessanter. Es hat auf der ersten Seite oben links ein a stehen, sonst ist es leer. Dann folgen sehr viele Bücher mit dem a an einer anderen Stelle, na, und so weiter. Irgendwann kommt ein Buch, in dem steht die vollständige Bibel. Dann gibt es auch einen Band, in dem finden Sie Ihren eigenen Abituraufsatz, ja wirklich, sogar mit all Ihren Fehlern. Natürlich gibt es dann auch das Buch mit Ihrem Aufsatz in perfekter alter oder auch neuer Rechtschreibung. Dann gibt es sogar Bücher, in denen stehen die Abituraufsätze

Ihrer Enkel- und Urenkelkinder. In dieser Bibliothek ist alles vertreten, was auf 1000 Seiten geschrieben werden kann, auch alles, was überhaupt in Zukunft irgend jemand sich ausdenkt. Unheimlich nicht?

Das wäre doch fundamental, so eine phantastische Bibliothek zu besitzen. Warum baut man die nicht?

Physiker haben abgeschätzt, dass das gesamte Weltall ungefähr

$$10^{100}$$

Protonen besitzt, das sind die Kernbausteine der Atome. Für unsere Bibliothek bedeutet das, dass auf jedes Proton

$$10^{2\,000\,000}/10^{100} = 10^{1\,999\,900}$$

Bücher kämen. Das kann man sich gar nicht vorstellen, schon gar nicht bauen. Die Idee von Herrn Laßwitz ist brilliant, aber leider undurchführbar. Die Zahl der Bücher ist einfach zu groß.

5.3   Größte Zahl mit drei Ziffern

Etwas Interesse verspricht immer wieder die Minimalistenfrage nach der größten Zahl, die man mit drei Ziffern schreiben konnte.

Zweites Zahlenproblem

Wie lautet die größte natürliche Zahl, die man mit drei Ziffern schreiben kann?

Die bekannte Antwort lautet:

$$9^{9^9}$$

Diese Zahl muss man aber richtig lesen. Die Mathematiker sind ja geradezu fanatische Minimalisten. Obwohl es nicht verkehrt ist zu schreiben

$$(5 \cdot 8) + 3 = 43,$$

sind die Klammern nach allgemeiner Verabredung – Punktrechnung geht vor Strichrechnung – überflüssig; und schon hat sie der Mathematiker gekillt:

$$5 \cdot 8 + 3 = 43.$$

Bei obiger größter Zahl mit drei Ziffern kann man auf zweierlei Arten Klammern setzen:

$$9^{9^9} = (9^9)^9 \qquad \text{oder} \qquad 9^{9^9} = 9^{(9^9)}$$

Ist das ein Unterschied? Oh, welch naive Frage!

$(9^9)^9$ ist ja nach den Potenzgesetzen nichts anderes als

$$(9^9)^9 = 9^{(9 \cdot 9)} = 9^{81},$$

eine geradezu lächerlich kleine Zahl, wenn man die andere Klammerung, nämlich

$$9^{9^9} = 9^{(9^9)}$$

betrachtet. Analog zum Punkt-Strichrechnungs-Gesetz werten Mathematiker das Potenzieren höher als das Multiplizieren. Also ist diese zweite Klammerung gemeint, wenn wir keine Klammern schreiben.

Ein etwas besserer Taschenrechner schafft gerade noch die Potenz:

$$9^9 = 387\,420\,489$$

Unsere gesuchte größte Zahl mit drei Ziffern ist also

$$9^{9^9} = 9^{387\,420\,489}$$

Die ist also deutlich größer als die Anzahl der Bücher von Herrn Laßwitz. Um diese Zahl auszurechnen, reicht ein Taschenrechner nicht mehr; selbst ein ziemlich profihaftes Programm sagt als Antwort nur Unsinn. Um wenigstens die Größe der Zahl abzuschätzen, gehen wir einen kleinen Umweg. Wir betrachten ihren Logarithmus, und zwar den zur Basis 10; denn das ergibt die Anzahl der Stellen einer Zahl.

Eine kleine Story sei erlaubt: Ein Prüfling antwortete auf die Frage: Was ist $\log_{10} 100$ sehr zaghaft mit 0. Mein leichtes Kopfschütteln ließ ihn mutig zur 1 voranschreiten. Mein erneutes Kopfschütteln bewog ihn aber leider nicht mehr zur 2, die richtige Antwort.

Also, bilden wir

$$\log_{10} \cdot \left(9^{(9^9)}\right) = 9^9 \cdot \log_{10} 9 = 3.6969 \cdot 10^8.$$

Das sind in etwa 369 Millionen Stellen. Ist das eine große Zahl? Oh ja! Wie schnell kann man Ziffern schreiben? Sagen wir mal, Sie brauchen pro Ziffer eine Sekunde. Das geht schneller, aber warten Sie ab, wie lange Sie arbeiten müssen, dann werden Sie um jede Sekunde Pause feilschen. Sie müssen nämlich 369 Millionen Sekunden lang schreiben. Eine Stunde hat 3600 Sekunden, pro Tag wollen wir 8 Stunden arbeiten und das Finanzamt erlaubt uns, an 240 Tagen im Jahr zur Arbeit zu fahren. Wir rechnen

$$\frac{369\,690\,000}{3600 \cdot 8 \cdot 240} = 53.4852.$$

Mehr als 50 Jahre lang müssen Sie in ihrem Arbeitsleben jede Sekunde eine Ziffer schreiben, erst dann haben Sie die Zahl aufgeschrieben. Sie ist wirklich groß.

Wenn wir pro Zentimeter zwei Ziffern schreiben, so ist die Zahl ca. 1000 Kilometer lang. Denken Sie mal bei Ihrer nächsten Urlaubsreise nach 1000 Kilometern, also vielleicht so in der Nähe von Mailand, an diese Zahl und erzählen Sie Ihren Kindern davon. Schon haben Sie etliche Kilometer Gesprächsstoff, auf einer langen Reise sicher eine sehr willkommene Abwechslung.

5.4 Wie viele Primzahlen gibt es?

Richtig groß wird es jetzt. Wir befassen uns mit Primzahlen.

Definition 5.1 *Eine Primzahl ist eine natürliche Zahl größer als 1, die nur durch 1 oder sich selbst teilbar ist.*

Na ja, das schaffen wir noch. Also die kleinste Primzahl nach unserer Definition ist die 2.

Merke: 1 ist keine Primzahl!

Sie ist, was Teilbarkeit anbelangt, einfach völlig uninteressant und daher per Definition als Primzahl geoutet. Ein Tretroller ist schließlich auch kein Fahrrad.

Wir beginnen also mit der 2, dann kommt die 3, dann die 5, dann die 7, die 11, die 13, die 17, na, und so weiter. Ohne Ende?

Erstes Primzahlproblem

Wie viele Primzahlen gibt es?

Eine interessante Frage: Gibt es vielleicht gar unendlich viele Primzahlen? Wir behaupten: So ist es!

Satz 5.1 *Es gibt unendlich viele Primzahlen.*

Der wirklich pfiffige Beweis für diese Aussage zeigt wunderschön, wie Mathematiker denken. Bitte schauen Sie sich das an, es lohnt sich. Es wäre einfach zu schade, wenn wir diesen genialen Trick hier nicht erklärten.

Beweis: Wir nehmen an, es gäbe nur endlich viele Primzahlen. Nennen wir sie

$$p_1, p_2, p_3, \ldots, p_n.$$

Das sind also n Primzahlen, natürlich alle voneinander verschieden. Wir werden nun zeigen, dass das nicht alle sein können. Wir werden eine weitere angeben. Ja, ganz richtig, wir geben sie an.

Jetzt kommt der Trick. Woher eine weitere Primzahl nehmen?

Bilde

$$p = p_1 \cdot p_2 \cdot p_3 \cdot \ldots \cdot p_n + 1.$$

Wir multiplizieren also die uns bekannten Primzahlen und addieren 1 hinzu.

Wenn wir Glück haben, so ist das bereits eine neue Primzahl. Dann sind wir fertig und haben die neue Zahl. Aber das muss nicht sein.

Nehmen Sie die Primzahlen 2,3,5,7,11,13, multiplizieren Sie sie miteinander und addieren Sie 1:

$$2 \cdot 3 \cdot 5 \cdot 7 \cdot 11 \cdot 13 + 1 = 30031.$$

Diese Zahl ist tatsächlich keine Primzahl, sondern das Produkt von 59 mit 509.

Die Zahl p ist aber ziemlich groß. Wenn sie denn keine Primzahl ist, so ist sie (bis auf die Reihenfolge eindeutig) in das Produkt von Primzahlen zerlegbar. Diese Primzahlen können aber nicht zu den bisher bekannten Primzahlen gehören; denn, wenn z.B. eine davon gleich p_1 wäre, also

$$p = p_1 \cdot q,$$

so subtrahieren wir obiges Produkt auf beiden Seiten und erhalten

$$p_1 \cdot q - p_1 \cdot p_2 \cdot p_3 \cdot \ldots \cdot p_n = p_1 \cdot (q - p_2 \cdot p_3 \cdot \ldots \cdot p_n) = 1,$$

und das wäre eine Primfaktorzerlegung der 1, was natürlich nicht geht. Es bleibt nur der Ausweg aus diesem Dilemma, dass wir neue Primzahlen gefunden haben. □

Ha, das war genial, gell? So einfach kann man mit unendlich manipulieren, wenn man sein Gehirnschmalz in Wallung bringt. Das sollte aber nur so am Rande mit abgehandelt werden.

5.5 Abschätzung der Primzahlen

Jetzt kommt unser kleines Primzahlproblem, das uns eine furchterregend große Zahl nennen wird.

Wenn es schon unendlich viele Primzahlen gibt, vielleicht kann man dann wenigstens ihre Anzahl bis zu einer vorgegebenen Zahl x abschätzen?

Zweites Primzahlproblem

Wie viele Primzahlen gibt es bis zu einer beliebigen natürlichen Zahl x?

Darüber haben Mathematiker gegrübelt und etwas Erstaunliches herausgefunden:

Satz 5.2 *Bis zur Zahl x gibt es ungefähr*

$$\int_0^x \frac{1}{\ln t}\, dt$$

Primzahlen.

Das ist aber wirklich nur eine grobe Annäherung. Sie ist auch zu Beginn immer zu groß. Das erste Mal, wenn sie nicht mehr zu groß ist, ist bei der Zahl

$$x = 10^{10^{10^{34}}}$$

Um diese Zahl geht es uns. Schauen Sie sich die mal in Ruhe an. Kleine Rumrechnerei ergibt, dass diese Zahl

$$10^{10\,000\,000\,000\,000\,000\,000\,000\,000\,000\,000\,000}$$

Stellen hat. Also da schreibt man sich mehr als die Finger wund. Kein noch so Wahnsinnsschnelldrucker könnte das schaffen. Soviel Papier gibt es auf der ganzen Welt nicht. Interessant, dass Mathematiker mit solchen Ungetümen noch umgehen können. Das schreckt einen abgebrühten Mathematiker nicht mal. Cool gelächelt und weiter geht's.

5.6 Mathematische Klassenbildung

Für Mathematiker sind das alles Peanuts, wer befasst sich schon mit solch kleinen Dingen? Unsere Welt enthält stets unendlich viele Dinge. Immer sind es gleich unendlich viele.

Im fünfbändigen Brockhaus von 1974 heißt es:

So wird Mathematik heute ... als ‚Wissenschaft vom unendlich Vielen‘ verstanden.

Malen Sie doch mal ein Koordinatensystem auf ein Blatt Papier. Wie weit malen Sie es nach rechts? Na, so vielleicht 10 cm lang. Dann machen wir einen Pfeil. Der soll andeuten, dass die Achse weiter geht. Ja wie weit denn? Bis zur Zimmerwand? Bis zum Gartentor? Bis zum Ortsende? Bis an die Landesgrenze? Oder gar bis zum Mond, bis zum Pluto, bis zur nächsten Galaxie? Ach was, bis ans Ende des Universums, und dann geht die Achse immer noch weiter. Die hört überhaupt nie auf. Das meinen Mathematiker mit so einer kleinen Achse. Unglaublich, nicht?

Um so etwas zu untersuchen, muss man ganz neue Methoden erfinden. Wenn Sie jetzt nicht mehr folgen wollen, so verstehen wir das; gehen Sie einfach weiter zum Abschnitt 5.7 auf Seite 55. Wir zwinkern nur mit dem Äuglein.

Ha, Sie haben ja doch nicht weiter geblättert. Sie wollen es wissen? Also, dann nur Mut und nicht verzagt.

Was machen eigentlich die Biologen, um alle Tiere kennen zu lernen? Nun, sie schauen sich die Tiere an und entdecken, dass da z.B. ein großes graues Tier mit einem langen Rüssel in Afrika lebt. Sie nennen es Elefant und sehen, dass es viele davon gibt. Die untersuchen sie jetzt aber nicht alle, sondern sie sagen sich: Kenne ich einen Elefanten, kenne ich sie alle, also ihre Haupteigenschaften und Merkmale. Individuelle Unterschiede gehören nicht so sehr in das Reich der Biologie, sondern eher der Verhaltensforscher.

Sie untersuchen also einen Vertreter aus der Klasse aller Elefanten.

Das können die Mathematiker auch. Nur haben sie es eben nicht mit ein paar Elefanten, sondern mit unendlich vielen Elementen zu tun. Wie kann man die einteilen?

Das Hilfsmittel ist hier eine Äquivalenzrelation.

Definition 5.2 *Eine Äquivalenzrelation auf einer Menge ist eine Relation, also eine Beziehung, die folgende Eigenschaften besitzt:*

1. Sie ist reflexiv: Jedes Element A steht zu sich selbst in Beziehung.

2. *Sie ist symmetrisch: Steht A in Beziehung zu B, so steht auch B in Beziehung zu A.*

3. *Sie ist transitiv: Steht A in Beziehung zu B und B in Beziehung zu C, so steht A auch in Beziehung zu C.*

Betrachten Sie als Beispiel die Menschen in Ihrer Stadt, Ihrem Dorf, Ihrem Weiler oder wo auch immer Sie sich aufhalten. Es möchte bitte eine klar umrissene Menge von Menschen sein, mit denen wir uns befassen wollen. Wir betrachten jetzt die Relation:

ist im selben Jahr geboren wie

Das ist eine Äquivalenzrelation; denn natürlich ist jeder Mensch im selben Jahr wie er selbst geboren, also reflexiv.

Wenn Max im selben Jahr wie Johanna geboren ist, so ist Johanna auch im selben Jahr wie Max geboren, also symmetrisch.

Wenn Barbara im selben Jahr wie Karin und Karin im selben Jahr wie Norbert geboren ist, so ist Barbara auch im selben Jahr wie Norbert geboren, klar doch, also transitiv.

Durch diese Relation erhalten wir jetzt eine Klasseneinteilung. Alle Menschen unserer Umgebung gehören in Klassen, die wir nach der Jahreszahl ihrer Geburt benennen können. So gibt es eine Klasse 1943, in die der Autor gehört, und eine Klasse 1980, in die er gerne gehören würde. Sie gehören auch in eine Klasse, jeder Mensch gehört in eine und zwar in genau eine. Das ist die perfekte Klasseneinteilung. Jedes betrachtete Element gehört in genau eine Klasse, nämlich in seine eigene. Das genau wird von einer Äquivalenzrelation geleistet.

Diese raffinierten Mathematiker versuchen nun, überall Äquivalenzrelationen zu entdecken und so ihre Objekte in Klassen zu zwingen. Das ist uns voll gelungen bei den endlich dimensionalen Vektorräumen.

Zunächst zeigt man

Satz 5.3 *Jeder Vektorraum hat eine Basis.*

Dann überlegt man sich, dass alle Basen (nicht zu verwechseln mit den Cousinen) gleich lang sind, also gleich viele Basiselemente besitzen.

Diese gemeinsame Zahl nennen wir die *Dimension des Vektorraums.*

Dann packen wir die Äquivalenzrelation aus:

hat die gleiche Dimension wie

Dass das eine Äquivalenzrelation ist, sieht man genau so schnell wie oben bei den Geburtsjahren. So haben wir also schon eine Klasseneinteilung erreicht. Das Klassenmerkmal ist die Dimension. Jeder endlich dimensionale Vektorraum hat eine Dimension. Folgender Satz macht die Sache raffiniert:

Satz 5.4 *Vektorräume mit der gleichen Dimension sind algebraisch nicht zu unterscheiden.*

Jetzt müssen wir nur noch aus jeder Klasse, also zu jeder Dimensionszahl einen Vektorraum kennen. Welch leichtes Spiel. Nennen Sie mir eine Dimension, sagen wir 3478. (Haben Sie sich diese Zahl nicht auch gerade gedacht? Wie ich das herausgefunden habe!) Ich kenne einen Vektorraum dieser Dimension, und ich schreibe ihn hier auf. Dazu muss ich ja bei einem Vektorraum nur eine Basis angeben. Ich muss also 3478 Vektoren angeben, die linear unabhängig sind. Das ist puppig leicht:

$$\vec{e}_1 = (1, 0, 0, \ldots, 0)$$
$$\vec{e}_2 = (0, 1, 0, 0, \ldots, 0)$$
$$\vdots$$
$$\vec{e}_{3478} = (0, 0, \ldots, 0, 1)$$

Die waagerechten Pünktchen sind gerade so viele, dass in der jeweiligen Klammer 3477 Nullen und eine 1 stehen. Die senkrechten Pünktchen sollen andeuten, dass wir insgesamt 3478 Vektoren untereinander schreiben. Ihre lineare Unabhängigkeit sieht jeder, der in der 12. Klasse aufgepasst hat.

Fazit: Wir kennen alle, wirklich alle endlich dimensionalen Vektorräume. Das sind unendlich viele. Die kennen wir wirklich allesamt.

Jetzt kommt die schlechte Nachricht. Weil wir nun alle endlich dimensionalen Vektorräume kennen, ist die Beschäftigung mit ihnen mathematisch völlig uninteressant. Kein Mathematiker forscht mehr über endlich dimensionale Vektorräume.

Äquivalenzrelationen sind ein beliebtes und probates Hilfsmittel, um mathematische Objekte kennen (und lieben?) zu lernen. Ich liebe den 3478-dimensionalen Vektorraum.

5.7 Kleine Zahlenspielereien

Frage: Welches Bildungsgesetz steckt in der Folge

$$8, 3, 1, 5, 9, 0, 6, 7, 4, 2?$$

Kleiner Tipp gefällig? Wir schreiben die Zahlen mit Buchstaben:

acht, drei, eins, fünf, neun, null, sechs, sieben, vier, zwei

Jetzt sieht man es doch: Wir haben die zehn Zahlen *alphabetisch* geordnet. Alberne Idee, geben wir zu. Aber das bringt uns auf eine wunderschöne Idee, wie wir es anstellen können, dass wir die uns lieb gewonnenen Zahlen nicht mehr vergessen. Ist es Ihnen nicht auch schon passiert, dass Sie sich partout nicht an eine gewisse Zahl erinnern können? Hier haben wir Abhilfe vom Feinsten:

Wir haben die Zahlen 1 bis 100 einfach dem Alphabet nach geordnet. So kann man immer nachschauen, wenn man mal eine Zahl vergessen haben sollte. Wir beginnen die Darstellung extra mit einer neuen Seite; denn der Autor hat selbst schon eine solche Zahlenkolonne hinter Glas einem Freund, einem Professor der Mathematik, zu seinem 50. Geburtstag geschenkt. Lange Zeit hing dies Bild in seinem Dienstzimmer. Immer wieder konnte er sich eine Zahl heraussuchen. Und damit Sie, liebe Leserinnen und Leser, Ihre vergesslichen Freunde überraschen können, sind also hier alle Zahlen von 1 bis 100 alphabetisch sortiert und zum Kopieren auf einer eigenen Seiten zusammengestellt.

Der Autor hat sich den Spaß gemacht, die Zahlen 1 bis 1000 auf die gleiche Weise neu zusammenzustellen. Er stellt sie gerne der treuen Leserschaft zur Verfügung. Kurze E-Mail (siehe Vorwort) genügt, und Sie erhalten die Kolonne als Anhang an die Antwort-E-Mail.

acht
achtundachtzig
achtunddreißig
achtundfünfzig
achtundneunzig
achtundsechzig
achtundsiebzig
achtundvierzig
achtundzwanzig
achtzehn
achtzig
drei
dreißig
dreiundachtzig
dreiunddreißig
dreiundfünfzig
dreiundneunzig
dreiundsechzig
dreiundsiebzig
dreiundvierzig
dreiundzwanzig
dreizehn
eins
einundachtzig
einunddreißig
einundfünfzig
einundneunzig
einundsechzig
einundsiebzig
einundvierzig
einundzwanzig
elf
fünf

fünfundachtzig
fünfunddreißig
fünfundfünfzig
fünfundneunzig
fünfundsechzig
fünfundsiebzig
fünfundvierzig
fünfundzwanzig
fünfzehn
fünfzig
hundert
neun
neunundachtzig
neununddreißig
neunundfünfzig
neunundneunzig
neunundsechzig
neunundsiebzig
neunundvierzig
neunundzwanzig
neunzehn
neunzig
sechs
sechsundachtzig
sechsunddreißig
sechsundfünfzig
sechsundneunzig
sechsundsechzig
sechsundsiebzig
sechsundvierzig
sechsundzwanzig
sechszehn
sechzig

sieben
siebenundachtzig
siebenunddreißig
siebenundfünfzig
siebenundneunzig
siebenundsechzig
siebenundsiebzig
siebenundvierzig
siebenundzwanzig
siebenzehn
siebzig
vier
vierundachtzig
vierunddreißig
vierundfünfzig
vierundneunzig
vierundsechzig
vierundsiebzig
vierundvierzig
vierundzwanzig
vierzehn
vierzig
zehn
zwanzig
zwei
zweiundachtzig
zweiunddreißig
zweiundfünfzig
zweiundneunzig
zweiundsechzig
zweiundsiebzig
zweiundvierzig
zweiundzwanzig
zwölf

5.8   Gibt es uninteressante Zahlen?

Kann irgendeine Zahl uninteressant sein? Sicherlich werden einige stöhnen, dass eigentlich alle Zahlen uninteressant sind. Was soll an so einer schnöden Zahl denn schon dran sein?

Nun, betrachten wir nur mal die natürlichen Zahlen und nehmen wir einmal an, dass es eine Anzahl von uninteressanten natürlichen Zahlen gäbe. Wir Mathematiker nennen das die Menge der uninteressanten Zahlen. Diese Menge ist nach unten beschränkt. Die Zahl 1 ist sicher eine untere Schranke.

Jetzt kommt der entscheidende Schluss: Dann gibt es in dieser Menge eine kleinste Zahl. Das wäre die kleinste uninteressante Zahl.

Aber meine sehr verehrten Damen und Herren, das wäre doch eine höchstinteressante Zahl: die kleinste uninteressante Zahl!

Diese Zahl kann also nicht zur Menge der uninteressanten Zahlen gehören. Ganz analog schließen wir weiter und stellen so locker fest, dass die Menge der uninteressanten Zahlen leer ist. Es gibt also überhaupt keine uninteressante Zahl.

5.9   Teilbartkeit durch 9

Kennen Sie noch aus Ihrer Schulzeit die Aussage:

Satz 5.5 (Teilbarkeit durch 9) *Eine natürliche Zahl ist genau dann durch 9 ohne Rest teilbar, wenn ihre Quersumme durch 9 ohne Rest teilbar ist.*

Hat man also eine ziemlich lange Zahl wie 8435721096 und fragt, ob dieses Ungetüm durch 9 teilbar ist, so muss man nur ihre Quersumme bilden:

Quersumme von $8435721096 = 8 + 4 + 3 + 5 + 7 + 2 + 1 + 0 + 9 + 6 = 45$

Diese Quersumme 45 ist durch 9 ohne Rest teilbar, also ist auch die originale Zahl ohne Rest durch 9 teilbar. Genial einfach! Aber warum ist das so?

Wir zeigen es nicht in voller Allgemeinheit, sondern so, dass Sie das Prinzip erkennen können. Nehmen wir eine vierstellige Zahl zugleich mit ihrer Dezimaldarstellung:

$$abcd = 1000 \cdot a + 100 \cdot b + 10 \cdot c + d.$$

Die Quersumme dieser Zahl ist $a + b + c + d$. Die müssen wir irgendwie ins Spiel bringen. Daher schreiben wir (das ist der Trick!):

$$
\begin{aligned}
abcd &= 1000 \cdot a + 100 \cdot b + 10 \cdot c + d \\
&= 999 \cdot a + a + 99 \cdot b + b + 9 \cdot c + c + d \\
&= \underbrace{999 \cdot a + 99 \cdot b + 9 \cdot c}_{\text{offensichtlich durch 9 teilbar}} + \underbrace{a + b + c + d}_{\text{Quersumme}}
\end{aligned}
$$

Hier sieht man: Wenn nun die ursprüngliche Zahl durch 9 teilbar ist, so ist garantiert auch die Quersumme durch 9 teilbar. Ist umgekehrt die Quersumme durch 9 teilbar, so ist garantiert auch die ursprüngliche Zahl durch 9 teilbar, jeweils ohne Rest.

Kapitel 6

Das Haus vom Nikolaus

6.1 Einleitung

Kennen Sie das Spiel noch? Rechts unser simples Haus möchte bitte in einem Zug, also ohne abzusetzen und ohne eine Linie doppelt zu malen, gezeichnet werden. Dazu sollte der Spruch „Das ist das Haus vom Nikolaus" zitiert werden, wobei mit jeder Silbe eine Linie zu malen ist.

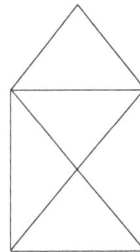

Abbildung 6.1: Das ist das Haus vom Nikolaus!

Meine Tochter hatte seinerzeit in der 5. Klasse die Hausaufgabe erhalten, verschiedene Graphen daraufhin zu untersuchen, ob man sie in einem Zuge zeichnen könnte, ohne eine Strecke doppelt zu durchlaufen. Unter anderem war das Nikolaushaus dabei. Dank der Hilfe der Mathematik war sie in fünf Minuten mit der Aufgabe fertig und hat am nächsten Tag stolz als einzige die Lösung präsentiert. Die Antwort der gesamten Klasse war ein großes Aufstöhnen. Die meisten anderen hatten am Nachmittag stundenlang versucht, mit zig Zeichnungen eine Antwort zu finden, viele hatten entnervt aufgegeben. Dann diese simple Lösung. Das war krass.

6.2 Das Königsberger Brückenproblem

„Über sieben Brücken musst Du geh'n!", dachte sich Leonhard Euler[1] bei jedem Sonntagsspaziergang, als er seinerzeit in Königsberg, dem heutigen Kaliningrad, lebte. Unten sehen Sie den stark vereinfachten Stadtplan von Königsberg, wie er sich zur Zeit von Euler darstellte. Wir haben den Fluss Pregel eingetragen und die vier Stadtteile, die durch den Fluss gebildet werden, mit A, B, C und D bezeichnet. Dazu sehen Sie die sieben Brücken.

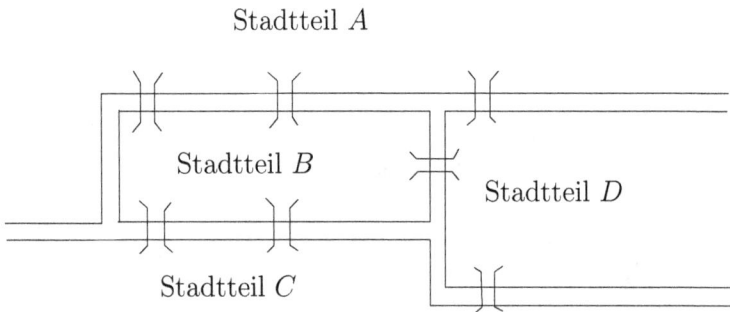

Abbildung 6.2: Der stark vereinfachte Stadtplan des früheren Königsberg, heute Kaliningrad, zur Zeit von Leonhard Euler mit den vier Stadtteilen A, B, C und D und den sieben Brücken.

---

[1]Leonhard Euler (1707–1783)

Euler wünschte sich nun, einen Weg über alle sieben Brücken zu finden, der aber keine Brücke zweimal überquert, ja, und am Schluss wollte er wieder zu Hause ankommen.

Vielleicht versuchen Sie erst einmal selbst mit Bleistift und Papier eine Antwort zu finden, ehe wir Ihnen den wunderschönen Gedanken von Euler erzählen.

Euler entwickelte aus diesem einfachen Problem einen ganzen Zweig der Mathematik, der bis in die Gegenwart zu immer neuen erstaunlichen Ergebnissen führt: die Graphentheorie.

6.3   Graphen

Wir denken uns, dass Leonhard Euler mit seiner Frau so durch Königsberg schlenderte und intensiv nachdachte. Da kam ihm der Gedanke.

Ja, welcher Gedanke? Er malte sich die möglichen Wege auf ein Blatt Papier, indem er die Stadtteile zu Punkten A, B, C und D schrumpfen ließ und die Wege als Striche, die die Punkte verbinden, einzeichnete. Sie sehen das auf der nächsten Seite. Wir haben noch dazu die sieben Brücken angedeutet. So ein Konstrukt nennt man einen Graph. Euler vertiefte sich nicht in Stadtpläne, sondern betrachtete solch stilisierte Graphen.

Jetzt müssen wir genau hinschauen. Wenn wir irgendwo starten und von dort führt nur ein Weg weg, so gehen wir diesen Weg, können aber nie wieder dorthin zurückkehren, wenn wir jeden Weg nur genau einmal durchwandern wollen. Gehen zwei Wege von diesem Punkt aus, so können wir weggehen und wieder zurückkehren, aber dann nicht wieder weggehen. Treffen drei Wege dort zusammen, so geht es weg und zurück und wieder weg, aber dann nie mehr zurück. Sehen wir das Prinzip?

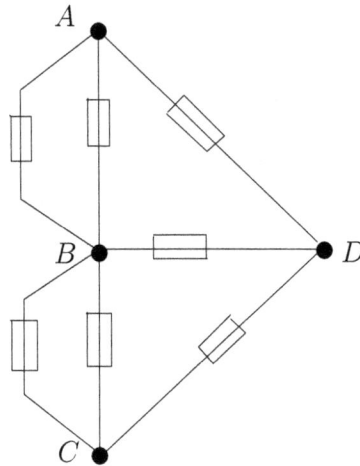

Abbildung 6.3: Der zum Königsberger Brückenproblem gehörende Graph

- Wenn eine ungerade Anzahl von Wegen an einem Punkt zusammentrifft, so kann man dort starten, kann aber irgendwann nicht mehr dorthin zurückkehren.

- Treffen an einem Punkt eine gerade Anzahl von Wegen zusammen, so kann man dort starten und kehrt auf jeden Fall wieder dorthin zurück.

Analog gilt für den Zielpunkt:

- Enden an einem Punkt ein Weg oder drei Wege oder fünf oder eben ungerade viele, so erreichen wir diesen Punkt zum Schluss.

- Endet dort eine gerade Anzahl von Wegen, so kann man dort nicht übernachten, sondern muss wieder weg.

Ein Punkt, an dem eine gerade Anzahl von Wegen endet, dient also als Durchgangspunkt; man kommt dorthin, geht aber auch wieder weg.

Ein Punkt, an dem eine ungerade Anzahl von Wegen einmündet, kann nur als Startpunkt oder Endpunkt fungieren.

Schauen Sie sich folgende Graphen an und prüfen Sie, wie viele Wege in jedem Punkt einmünden.

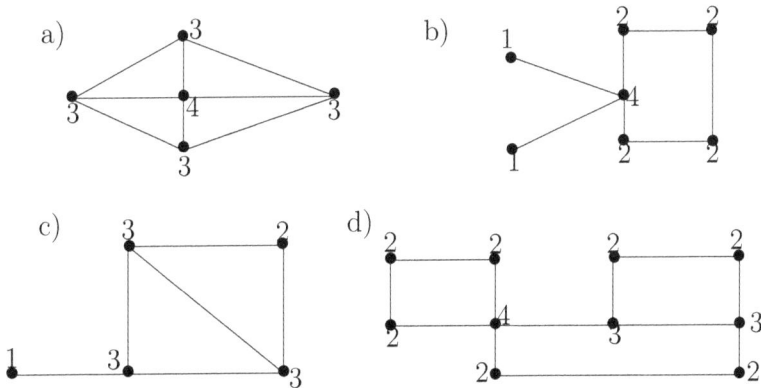

Abbildung 6.4: Beispiele einiger Graphen

Wenn Sie viele solcher Graphen überprüfen, werden Sie vielleicht gewisse Gemeinsamkeiten entdecken.

Jeder Weg hat zwei Endpunkte. Beim Zählen aller Wege, die in allen Punkten eines Graphen zusammen kommen, wird jeder Weg bei jedem seiner Endpunkte, also zweimal gezählt. Also haben wir schon gleich den Satz:

Satz 6.1 *Bei jedem zusammenhängenden Graphen ist die Summe aller Wege, die an allen Punkten zusammen kommen, stets gerade. Sie ist doppelt so groß wie die Anzahl der den Graph bildenden Wege.*

Dabei heißt ein Graph zusammenhängend, wenn er nicht aus mehreren
Teilen besteht.

Dieser Satz hat eine interessante Konsequenz, die uns beim Zeichnen
sehr helfen wird. Da gibt es doch Punkte mit ungerade vielen Wegen.
Wenn nun die Gesamtzahl gerade ist, so muss die Anzahl der Punkte mit
ungerade vielen Wegen ebenfalls gerade sein.

Satz 6.2 *Bei jedem zusammenhängenden Graphen ist die Anzahl der
Punkte, bei denen ungerade viele Wege zusammen laufen, stets gerade.*

Jetzt kommt der Knackpunkt: Was für einen Weg wir auch immer laufen
wollen, er hat *höchstens einen Startpunkt und höchstens einen Endpunkt.*
Und nur bei diesen Punkten darf eine ungerade Anzahl an Wegen zusammenkommen. Also haben wir das Ergebnis:

Satz 6.3 *Damit man einen Graphen mit einem Zug nachzeichnen kann,
ohne eine Strecke zweimal zu durchlaufen, darf es höchstens zwei Punkte
geben, an denen eine ungerade Anzahl von Wegen einmündet.*

Das ist doch nun eine simple Regel. Sie verstehen, dass mein Töchterchen
dies sehr schnell begriff. Sie ermittelte für jeden Punkt die Anzahl der
dort eintreffenden Wege und zählte die Punkte mit ungeraden vielen
Wegen.

- Waren es mehr als zwei, so war die Aufgabe nicht lösbar.

- Waren es genau zwei, so muss man den einen als Startpunkt, den
  anderen als Zielpunkt wählen, kann aber den übrigen Weg fast nach
  Belieben einrichten.

- Einen Graphen mit genau einem „ungeraden Punkt" gibt es nicht.

- Gibt es gar keinen Punkt mit ungerade vielen Wegen, so macht man es wie Frau Nolte; die machte es, wie sie wollte. Man fängt also irgendwo an, und genau dort endet man dann auch wieder.

Kommen wir zurück auf unsere Graphen in Abbildung 6.4 auf Seite 65.

- Der Graph a) links oben hat vier ungerade Ecken, ist also nicht in einem Zug zu malen.

- Der Graph b) rechts oben hat nur die beiden 1-Ecken, bei einer 1 also anfangen und bei der anderen enden.

- Graph c) links unten hat drei ungerade Ecken, scheidet also aus.

- Graph d) rechts unten hat zwei ungerade 3-Ecken. Bei einer der beiden muss man beginnen, dann endet man am Schluss bei der anderen.

6.4 Über sieben Brücken kann man nicht gehen

Damit können wir uns nach Königsberg begeben und Herrn Euler folgen. Das heißt, schauen wir genau den skizzierten Plan in Abbildung 6.3 auf Seite 64 an. Im Punkt A kommen drei Wege zusammen, genau so im Punkt C und im Punkt D, während im Punkt B sogar fünf Wege eintreffen. Überall nur ungerade viele. Damit konnte Euler latschen, so viel er wollte, es war nicht möglich, alle Brücken nur genau einmal zu überqueren und dann noch wieder zu Hause anzukommen. Natürlich ist Euler nicht gelatscht, er war ja ein hervorragender Mathematiker und hat sich das zu Hause am Schreibtisch überlegt. Und dann die Graphentheorie weiterentwickelt.

6.5   Weitere Beispiele

Für uns Normalbürger mögen noch ein paar Beispiele die Situation klären helfen.

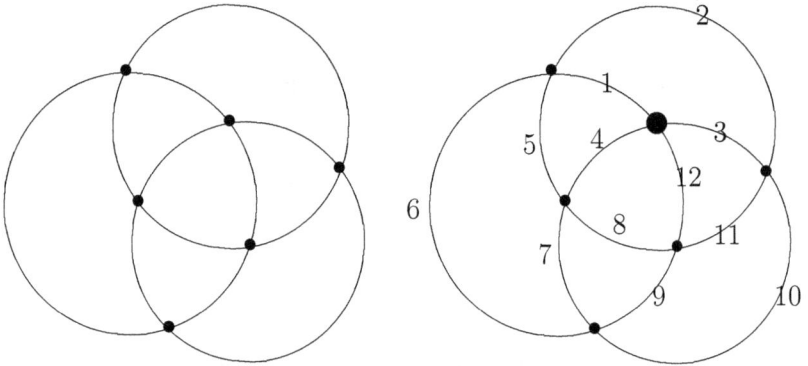

Abbildung 6.5: Kann man die Figur links in einem Zuge zeichnen, ohne eine Strecke doppelt zu malen? Die Kreuzungspunkte haben wir dick eingezeichnet. Leicht zu sehen, dass an jedem Punkt vier Wege einmünden, also eine gerade Anzahl. Frau Nolte sagt uns, wir können starten, wo wir wollen, dort werden wir aber dann auch enden. Rechts haben wir einen möglichen Weg eingezeichnet. Wir beginnen bei dem dick eingezeichneten Punkt und enden dort auch.

Was halten Sie von dem unten skizzierten Supermarkt?

Die Geschäftsleute sind ja nicht unclever. Einerseits möchten sie uns ihr gesamtes Warenangebot lüstern vor Augen führen, andererseits ist ihnen klar, dass wir als Kunden nicht ewig und drei Tage durch dieselben Gänge laufen wollen. Das hält nur den Verkehr auf und uns genervte Kunden ab, noch ein klein bisschen Sonderangebot in den Korb zu legen.

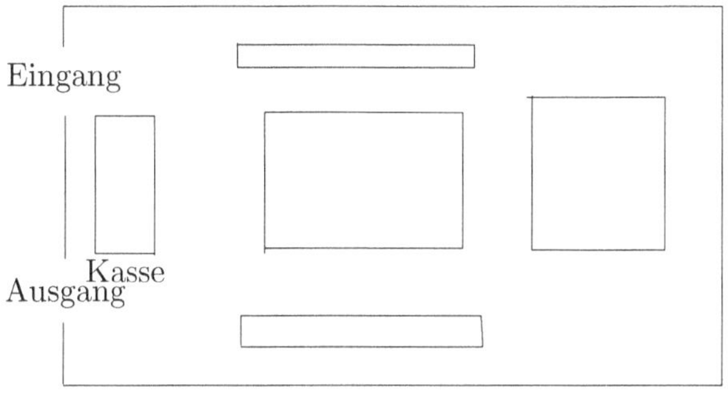

Abbildung 6.6: Ein Supermarkt

Also muss man seinen Laden so einrichten, dass jeder Kunde nur genau einmal durch jeden Gang geführt wird. In der folgenden Abbildung 6.7 haben wir die Wege mit ihren Kreuzungspunkten eingetragen.

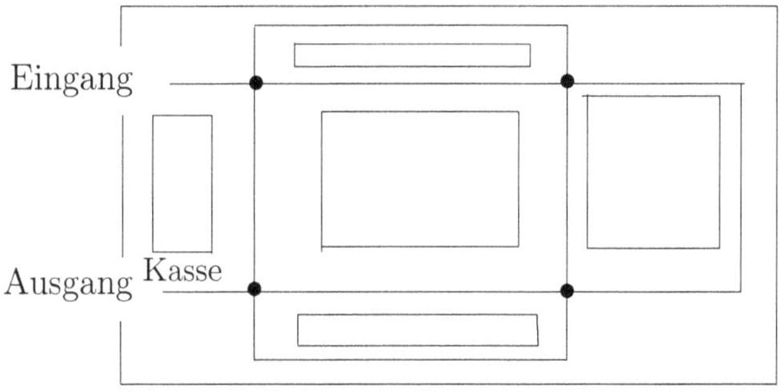

Abbildung 6.7: Die Wege mit den Kreuzungspunkten

An jedem Kreuzungspunkt treffen vier Wege zusammen, also ist unser Problem lösbar. Eine Möglichkeit haben wir unten mit Zahlen angedeutet. Wir laufen also zuerst ganz außen herum und anschließend besuchen wir noch das innere Viereck.

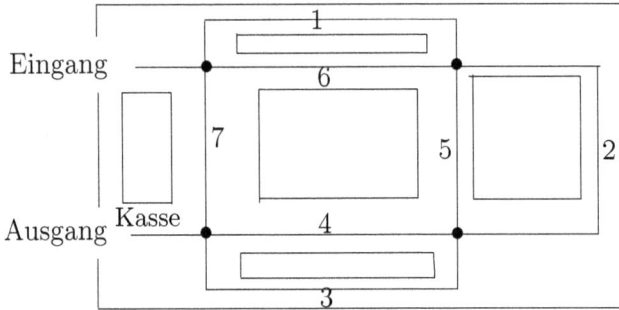

Abbildung 6.8: Möglicher Einkaufsweg

Wie sieht es nun mit unserem Nikolaushaus aus? Können Sie es in
einem Zug zeichnen? Klar, links
unten und rechts unten sind die
ungeraden Eckpunkte. Wir starten also z.B. links unten, vollen-
den zuerst den Umriss und malen
dann die beiden Diagonalen und
die Erdgeschossdecke.

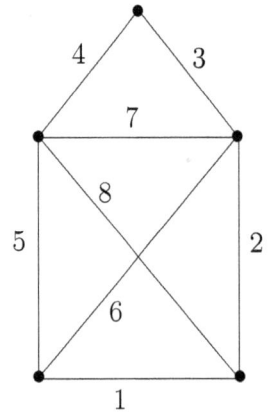

Abbildung 6.9: Das Haus vom Nikolaus

Zum Haus vom Nikolaus kann man noch die kleine Butze für den Weihnachtsmann hinzufügen, wie wir es im Bild rechts getan haben.

Das ist das Haus
vom Ni-ko-laus,
und ne-ben-an
vom Weih-nachts-mann.

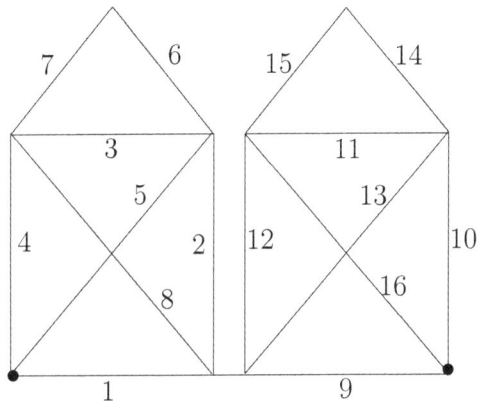

Abbildung 6.10: Das Haus vom Nikolaus und vom Weihnachtsmann

Auch diese Figur ist in einem Zug zu zeichnen; denn nur links unten und rechts unten treffen eine ungerade Anzahl von Wegen ein, nämlich drei. Sonst sind es an den beiden Spitzen zwei, an allen anderen Punkten vier Wege. Also müssen wir links unten (oder rechts unten) anfangen und rechts unten (oder links unten) enden. Wir haben eine mögliche Wegstrecke mit Zahlen von 1 bis 16 nummeriert zum Nachzeichnen.

Und wenn man das schnell genug macht und den Spruch dazu sagt, wirkt das bestimmt ziemlich überzeugend. Und wir Wissenden haben ein mildes Lächeln für unser Auditorium.

Ein Tipp zur Veranschaulichung

Wie unten im Bild zu sehen, habe ich vier Brettchen genommen und auf ihnen Graphen gezeichnet. In die Schnitt- und Kreuzungspunkte ha-

be ich kleine Schrauben gedreht. Diese Brettchen gebe ich zugleich mit
Bindfaden während eines Vortrages an die Zuhörerinnen und Zuhörer
und bitte sie, die Bindfäden so um die Punkte zu schlingen, dass alle
Linien bedeckt sind, aber keine doppelt. Das könnte auch ein Tipp für
den Schulunterricht sein.

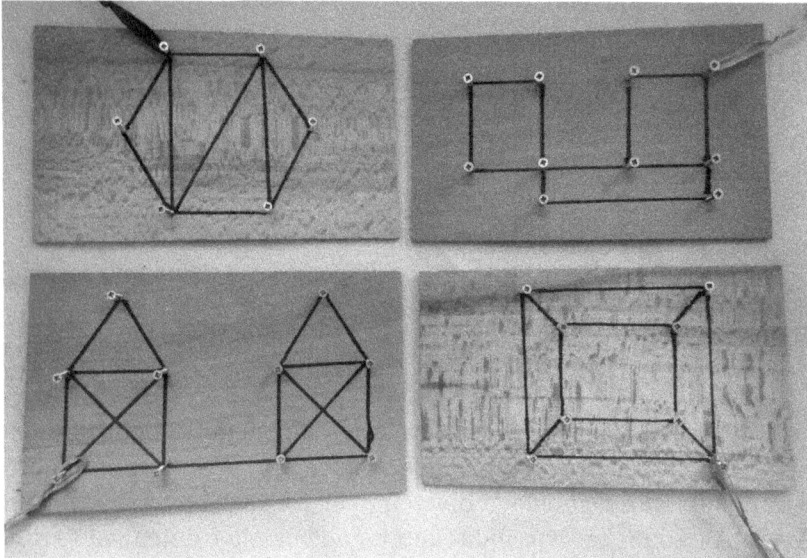

Abbildung 6.11: Vier kleine Brettchen mit Beispielgraphen zum Spielen
mit Bindfäden

6.6   Mathematik ist international

Vor ein paar Jahren war es, als ich zu einem Vortrag in Lahore, Pakistan,
war. Dort arbeiteten viele in der Graphentheorie. Eines Tages brachte mir
Prof. Edy Bascoro, ein Kollege aus Bandung, Indonesien, mehrere Blätter
mit Noten und Texten. Es war ein Song über das Königsberger Brücken-

problem. Neun Strophen lang, aber das Unglaublichste: diese neun Strophen gab es in zehn Sprachen. Es war natürlich ein ungeheurer Spaß, als wir diesen Song nach kurzem Üben dem Auditorium zum Besten gaben. Tatsächlich war der Erfolg viel größer als für meinen Vortrag. Da sich die Zuhörerschaft aus vielen Nationen zusammensetzte, summten und brummten bald etliche in ihrer Muttersprache mit. Da zeigte sich dann, wie international die Mathematik ist. Ihnen zur Erbauung füge ich dieses Lied auf den nächsten Seiten an. Viel Vergnügen, falls Sie es mal singen.

Die Sprachen sind:

1.	Tschechisch	2.	Englisch
3.	Deutsch	4.	Polnisch
5.	Ungarisch	6.	Africaans
7.	Esperanto	8.	Ukrainisch
9.	Indonesisch	10.	Französisch

HYMNA TEORIE GRAFŮ

THE GRAPH THEORY HYMN

HYMNUS AUF DIE GRAPHENTHEORIE

HYMN TEORII GRAFÓW

A GRÁFELMÉLET HIMNUSZA

DIE GRAFIEKTEORIELIED

HIMNO DE LA GRAFOTEORIO

ГІМН ТЕОРІЇ ГРАФІВ

HYMNE TEORI GRAF

HYMNE DE LA THEORIE DES GRAPHES

Text by Bohdan Zelinka
Music by Zdeněk Ryjáček

English text by Donald A. Preece
Deutscher Text von Anja Pruchnewski
Przekład polski Mariusz Meszka i Joanna Nowak
Ádám András magyar fordítása
Afrikaanse teks deur Izak Broere
Esperanta traduko de Jaroslav Mráz kaj Bohdan Zelinka
Український переклад Олег Піхурко
Teks Indonesia oleh Edy T. Baskoro
Traduit en Français par Evelyne Flandrin

Přes Pre- go- lu se- dm mos- tů stá- lo,
Se- ven bri- dges spanned the Ri- ver Pre- gel,
Ü- bern Pre- gel füh- ren sie- ben Brü- cken
Na Pre- go- le sie- dem mos- tów sta- ło,
Ál- lott hét híd a Pre- gel fo- lyó- ján,
Oor die Pre- gel was daar se- we brû- e
Trans Pre- go- lo pon- toj sep ma- jes- tis –
Че- рез Пре- гель сім мос- тів сто- я- ло,
M'la- lui Pre- gel tu- juh jem- ba- tan- nya
Il y a- vait sept ponts sur la Pre- gel

na svou do- bu ne- by- lo to má- lo,
Ma- ny more than might have been ex- pec- ted;
brin- gen al- le Her- zen zum Ent- zü- cken.
w tam- tych cza- sach by- ło to nie- ma- ło.
ak- kor- tájt ez nem cse- kély- ség volt ám;
dit was nie so min vir daar- die tyd nie;
– en ti- a- ma tem- po mul- taj es- tis –
як на той час це бу- ло не- ма- ло.
Jum- lah yang tak da- pat di- a- bai- kan
c'est bien plus qu'- on eût pu es- pé- rer.

krá- lo- več- tí rad- ní hr- di by- li, že si
Kö- nigs- berg's wise lea- ders were de- ligh- ted To have
Lob- ge- sang er- klingt in al- len Ga- ssen, die Stadt-
W Kró- lew- cu się rad- ni ra- do- wa- li, że aż
Kö- nigs- berg ben büsz- ke sok ta- ná- csos, eny- nyi
Kö- nigs- berg se stads- va- ders was so trots dat hul
la ke- nigs- ber- ga- noj ĝo- jon ĝu- is, ke Pre-
По- гля- да- ли гор- до міс- та рад- ці на пло-
Pe- mim- pin ko- ta yang sa- ngat bang- ga Mem- ba-
Les é- diles de Koe- nigs- berg étaient très fiers d'a- vo-

1, 2, 4, 6, 8, 9

ty- to mos- ty pos- ta- vi- li.
built such ve- ry splen- did struc- tures.
vä- ter Kö- nigs- bergs er- bla- ssen.
ty- le mos- tów zbu- do- wa- li.
híd- dal hogy é- kes a vá- ros.
hier- die brû- e kon ge- bou het.
ge- lon i- li pri- kon- stru- is.
ди сво- їх де- бат і пра- ці.
ngun jem- ba- tan me- nak- jub- kan
ir con- struit de si belles passe- relles.

	Refrén / Refrain					
Eu-	le-	rův	graf	všech-	ny	stup-	ně
Eu-	le-	rian	graphs	all	have	this	re-
Eu-	ler-	scher	Graph,	Dir	ist	stets	zu
Eu-	le-	ra	graf,	to	fakt	o-	czy-
Eu-	le-	ri	gráf:	min-	den	fo-	ka
Die	stel-	ling	sê:	Eu-	ler-	se	gra-
En	Eu-	ler-	-a	gra-	fo	es-	tas
Ей-	ле-	ра	граф	ма-	є	сут-	ність
Eu-	le-	rian	graph,	de-	ra-	jat-	nya
Les	graphes d'Eu-		ler	sont	de	de-	gré

su-	dé	má — ta	vě-	ta	vždyc-	ky	pla-	tit
stric-	tion:	The de-	gree	of	a-	ny	point	is
ei-	gen,	daß sich	die	Kno-	ten	grad-	gera-	dig
wis-	ty,	wszy- stkie	węz-	ly	są	stop-	ni	pa-
pá-	ros,	és a	té-	tel	mind-	ö-	rök-	re
fie-	ke	het by	al	die	pun-	te	e-	we
pa-	ra	či- u	grad'	– jen	fak-	to	se-	ne-
гар-	ну,	що всі	точ-	ки	ма-	ють	сту-	пінь
ge-	nap	Fak- ta	i-	ni	kan	se-	la-	lu
pa-	ir,	c'est un	ré-	sul-	tat	tou-	jours va-

bu-	de;	nej- star-	ší	to	ze	všech
e-	ven.	That's the	ol-	dest	graph	re-
zei-	gen.	Es hat	die-	ser	ers-	te
rzys-	tych.	Dos- ko-	na-	le	zna-	na
áll	most;	grá- fok-	ról	ez	ál-	lí-
gra-	de.	Dis die	oud-	ste	re-	sul-
ra-	ra.	Jen la	plej	mal-	no-	va
пар-	ну.	Це най-	пер-	ший	ре-	зуль-
be-	nar	Te- o-	re-	ma	ter-	tu-
li-	de,	c'est le	plus	vieux	thé-	o-

vět	o	gra-	fech,	jež	poz-	nal	svět.
sult		That	man-	kind	has	e-	ver	known.
Satz		im	Buch	der	Gra-	phen	seinen	Platz.
jest	o	gra-	fach	to	pier-	wsza	z tez.
tás	a	vi-	lág-	nak	ős-	for-	rás.
taat	oor	gra-	fie-	ke	wat	ons	ken.
tez',	sed	va-	li-	das	ği	sen	čes'.
тат,	в кни-	гу	гра-	фів	цін-	ний	вклад.
a	Di	du-	ni-	a	graf	ki-	ta
rème	qu'on	con-	nait	dans	ce	do-	maine.

1. Přes Pregolu sedm mostů stálo,
   na svou dobu nebylo to málo,
   královečtí radní hrdi byli,
   že si tyto mosty postavili.

2. V podvečeru k řece davy spějí,
   po mostech se sem tam procházejí,
   otázka jim jedna vrtá hlavou,
   jak by měli zvolit cestu pravou.

3. Přes most každý jednou chtějí jíti,
   pak se domů zase navrátiti;
   nějak jim to ale nevychází,
   jeden most vždy přebývá či schází.

Ref. Eulerův graf všechny stupně sudé
   má–ta věta vždycky platit bude;
   nejstarší to ze všech vět
   o grafech, jež poznal svět.

4. Vzpomněli si, muž že v městě žije,
   nad jiné jenž velmi učený je,
   měřictví i počtů mistr pravý;
   musí vzejít rada z jeho hlavy.

5. Mistr Euler smutně hlavou kroutí:
   "Jednou cestou nelze obsáhnouti
   mostů všech, jak panstvo sobě žádá.
   Nepomůže tady žádná rada.

Ref. Eulerův graf ...

6. Zákony má přece svoje věda,
   proti nim se počíti nic nedá.
   Mosty ani vodní živel dravý
   do cesty se vědě nepostaví."

7. Když se vojna přes Pregolu hnala,
   její bouře mosty rozmetala.
   Eulerovo jméno u té řeky
   přežilo však mnohé lidské věky.

Ref. Eulerův graf ...

8. Eulerovo jméno stále žije
   dokud žije grafů teorie.
   A čím více ubíhají léta,
   tím víc tato teorie vzkvétá.

9. Kolegové, naplňme své číše,
   k přípitku je zvedněm všichni výše,
   ať se nám tu stále více vzmáhá
   teorie grafů naše drahá.

1. Seven bridges spanned the River Pregel,
   Many more than might have been expected;
   Königsberg's wise leaders were delighted
   To have built such very splendid structures.

2. Crowds each ev'ning surged towards the river,
   People walked bemused across the bridges,
   Pondering a simple-sounding challenge
   Which defeated them and left them puzzled.

3. Here's the problem; see if you can solve it!
   Try it out at home an scraps of paper!
   Starting out and ending at the same spot,
   You must cross each bridge just once each ev'ning.

Ref. Eulerian graphs all have this restriction:
   The degree of any point is even.
   That's the oldest graph result
   That mankind has ever known.

4. All the folk in Königsberg were frantic!
   All their efforts ended up in failure!
   Happily, a learn-ed math'matician
   Had his house right there within the city.

5. Euler's mind was equal to the problem:
   "Ah", he said, "You're bound to be disheartened.
   Crossing each bridge only once per outing
   Can't be done, I truly do assure you."

Ref. Eulerian graphs ...

6. Laws of Nature never can be altered,
   We can'd change them, even if we wish to.
   Nor can flooded rivers or great bridges
   Interfere with scientific progress.

7. War brought strife and ruin to the Pregel;
   Bombs destroyed those seven splendid bridges.
   Euler's name and fame will, notwithstanding,
   Be recalled with Königsberg's for ever.

Ref. Eulerian graphs ...

8. Thanks to Euler, Graph Theöry is thriving.
   Year by year it flourishes and blossoms,
   Fertilising much of mathematics
   And so rich in all its applications.

9. Colleagues, let us fill up all our glasses!
   Colleagues, let us raise them now to toast the
   Greatness and the everlasting glory
   Of our Graph Theöry, which we love dearly!

1. Übern Pregel führen sieben Brücken,
   bringen alle Herzen zum Entzücken.
   Lobgesang erklingt in allen Gassen,
   die Stadtväter Königsbergs erblassen.

2. Jeden Abend ström' die Leut' zum Flusse,
   enthusiastisch wimmeln sie voll Muße
   hin und her und quer und 'rum im Kreise,
   um zu lösen ein Problem ganz weise.

3. Und nun hört die Frage aller Fragen.
   Sag, was würdest Du uns dazu sagen!
   Gibt's 'nen Weg, der über jede Brücke
   einmal führt genau und dann zurücke?

Ref. Eulerscher Graph, Dir ist stets zu eigen,
   daß sich die Knoten grad-geradig zeigen.
   Es hat dieser erste Satz
   im Buch der Graphen seinen Platz.

4. Wer begann nach einem Weg zu suchen,
   fand kein Ende, fing bald an zu fluchen.
   Einer, der in diesem Städtchen wohnte,
   brachte die Idee, die sich dann lohnte.

5. Meister Euler fiel sogleich der Groschen:
   "Volk, zerrennt Euch doch nicht die Galoschen!
   Solch ein Brückengang ist niemals machbar,
   der Beweis hier zeige es Euch ganz klar."

Ref. Eulerscher Graph, ...

6. Der Natur Gesetze sind gegeben,
   es umgeht sie keiner Macht Bestreben.
   Weder Brücken noch des Wassers Fließen
   könn' den Weg der Wissenschaft verdrießen.

7. Mit dem Kriege folgt dem Fluß Verderben,
   alle Pracht der Brücken schlug in Scherben.
   Eulers Ruf und Name wird auf Zeiten
   die Geschichte Königsbergs begleiten.

Ref. Eulerscher Graph, ...

8. Dank Dir, Euler, blühend hat mit Wonnen
   Graphenwissenschaft den Start genommen.
   Vielfältigst nutzt man sie mit Fanatik,
   sie bereichert unsre Mathematik.

9. Freunde, laßt uns heut' vom Weine leben,
   Gläser füllen, klingen und erheben.
   Graphentheorie, oh, schätzt sie alle,
   dreimal hoch leb' sie, in jedem Falle!

1. Na Pregole siedem mostów stało,
   w tamtych czasach było to niemało.
   W Królewcu się radni radowali,
   że aż tyle mostów zbudowali.

2. Jak co wieczór tłumy wyruszyły,
   bo nad rzeką spacer bardzo miły.
   Wciąż myśl jedna im zaprząta głowę,
   jak tu wybra c tę właściwą drogę.

3. Przez most każdy raz przejść nie wracając,
   znów się w domu znaleźć nie zbaczając.
   Jakoś im to wcale nie wychodzi,
   most zostaje lub brakuje w drodze.

Ref. Eulera graf, to fakt oczywisty,
   wszystkie węzły są stopni parzystych.
   Doskonale znana jest
   o grafach to pierwsza z tez.

4. Aż nareszcie przypomnieli sobie
   o człowieku żyjącym w ich grodzie,
   Mistrzu geometrii i rachunków,
   On podpowie w którym iść kierunku.

5. Ale Euler smutnie kręci głową,
   bo odpowiedź na to ma gotową:
   "Jedna ścieżka nie wystarczy, aby
   pokryć mosty - nie ma na to rady."

Ref. Eulera graf ...

6. Nie pomogą tutaj dobre chęci,
   nic w nauce nie da się pokręcić.
   Mostów nowych nikt nie wybuduje,
   wodny żywioł tym co są – daruje.

7. Kiedy wojna przez Pregołę gnała,
   mosty wszystkie z ziemią wyrównała.
   Jednak imię Mistrza nad tą rzeką
   przeżyło już wiele długich wieków.

Ref. Eulera graf ...

8. Nowej wiedzy Euler dał podstawy,
   przez co zyskał całe wieki sławy.
   My śladami Mistrza podążamy
   i naukę Jego rozwijamy.

9. Więc, Koledzy, na koniec powsta/nmy.
   Wznosząc toast głośno tak śpiewajmy:
   Niechaj żyje nam Teoria Grafów,
   obwieszczajmy ją całemu światu.

1. Állott hét híd a Pregel folyóján,
   akkortájt ez nem csekélység volt ám;
   Königsbergben büszke sok tanácsos,
   ennyi híddal hogy ékes a város.

2. Alkonyatkor kavarog a népség,
   és fejükben hánytorog a kétség:
   hogy' lehetne jó utat találni,
   minden hídon egyszer általjárni.

3. Mind a hét híd egyszer essen útba,
   séta végén otthon lenni újra;
   de a jó út valahol hibázik,
   egy híd mindig fölös vagy hiányzik.

Ref. Euleri gráf: minden foka páros,
   és a tétel mindörökre áll most;
   gráfokról ez állítás
   a világnak ősforrás.

4. Él egy ember, gondoljunk csak rája,
   itt minálunk, nincs tudásban párja;
   úgy érti a számolást és mérést,
   hogy elébe kell tárni a kérdést.

5. Euler mester fejét búsan rázza:
   "Oly talány ez, nincsen megoldása;
   nincs oly út, mint uraságtok kérik,
   amely minden hidat egyszer érint.

Ref. Euleri gráf: ...

6. Érckemény a tudományos tétel,
   mit sem kezdhet ellene a kétely;
   árad a víz, szilárd a híd rajta,
   még erősb a tudomány hatalma."

7. Háború jött a Pregel folyóra,
   minden hídját ízzé-porrá szórta;
   nemzedékek hosszú során fénylik
   Euler és a folyó neve végig.

Ref. Euleri gráf: ...

8. Euler híre nem ér addig véget,
   míg csak élni fog a gráffelmélet;
   s egyik évre amint jön a másik,
   az elmélet mind jobban virágzik.

9. Jó kollégák, töltsük meg a kelyhet,
   áldomásra mind emeljük feljebb:
   nekünk a gráffelmélet oly drága,
   hadd teremjen sok-sok szép virága!

1. Oor die Pregel was daar sewe brûe
   dit was nie so min vir daardie tyd nie;
   Königsberg se stadsvaders was so trots
   dat hul hierdie brûe kon gebou het.

2. Teen die aand dan wandel al die mense
   oor die brûe het hul loop en wonder,
   oor 'n vraag wat steeds by hul bly spook het
   oor die roete waar hul langs geloop het.

3. Elke brug moet net een maal gebruik word
   en die roete moet dan weer tuis eindig;
   maar dit wou maar net nooit reg uitwerk nie
   want die brûe was nie reg geplaas nie.

Ref. Die stelling sê: Eulerse grafieke
   het by al die punte ewe grade.
   Dis die oudste resultaat
   oor grafieke wat ons ken.

4. Hul onthou toe van 'n man wat daar woon
   met geleerdheid, meer as ander mense –
   Meester van die meetkunde en nog meer –
   hy moes oor die groot probleem nou raad gee.

5. Meester Euler moes hul toe dit meedeel:
   "Dis onmoontlik in 'n enkel roete
   al die brûe een maal oor te wandel;
   daar's geen raad wat hiervoor sal kan help nie."

Ref. Die stelling sê: ...

6. Die natuur het mos sy eie wette
   dis nie moontlik om hul teen te gaan nie,
   nóg die brûe nóg die wilde waters
   kan die wetenskap se gang versteur nie.

7. Toe die oorlog oorspoel daar na Pregel
   is die brûe in die slag vernietig
   maar die naam van Euler sal bly voortleef
   vir nog baie jare by die Pregel.

8. Met die stelling word sy naam verewig
   soos Grafiekteörie sal dit bly lewe
   jaar na jaar kom nuwe resultate
   wat die groei en bloei daarvan bevestig.

9. Vriende kom ons vul nou al ons glase
   vriende kom ons drink nou hierdie heildronk
   en ons hoop vir groei en sterkte voortaan
   vir Grafiekteörie wat ons so lief het!

1. Trans Pregolo pontoj sep majestis –
   – en tiama tempo multaj estis –
   la kenigsberganoj ĝojon ĝuis,
   ke Pregelon ili prikonstruis.

2. Ĉiutage antaŭ la vespero
   la urbanoj venas al rivero.
   Ĉiam ilin ĝenas la problemo,
   kia estu la promen-sistemo.

3. Ili volas pontojn sep transiri,
   poste hejmen siajn paŝojn stiri
   ofte ili fari tion provas,
   sed neniam ili solvon trovas.

Ref. En Euler-a grafo estas para
   ĉiu grad' – jen fakto senerara.
   Jen la plej malnova tez',
   sed validas ĝi sen ĉes'.

4. Ili scias, ke en certa domo
   vivas iu scioplena homo;
   vera majstro de matematiko:
   helpos de la sciencist' logiko.

5. Majstro Euler sian kapon skuas:
   "La matematiko nin instruas:
   tia voj' sep pontojn ne entenas.
   Jen – rezulton do ni ne divenas.

Ref. En Euler-a ...

6. Siajn leĝojn havas la scienco,
   nei ilin estas ja sen senco.
   Pontoj eĉ inundoj de l'rivero
   ne haltigos marŝon de la vero."

7. La milito Kenigsbergon skuis,
   ĝiaj ŝtormoj pontojn sep detruis.
   Sed la nomo Euler ĉe l' rivero
   vivas dum longega homa ero.

Ref. En Euler-a ...

8. Ĉiam vivu tiu ĉi genio,
   dum ekzistos grafoteorio.
   Kvankam tre rapide tempo fluas,
   tiu teorio evoluas.

9. Gekolegoj, glasojn ni plenigu,
   por la tosto ĉiujn ni instigu;
   vivu en estonta historio
   nia kara grafoteorio.

1. Через Прегель сім мостів стояло,
   як на той час це було немало.
   Поглядали гордо міста радці
   на плоди своїх дебат і праці.

2. Кожен вечір юрби йшли до річки,
   по мостах бродити завжди слічно,
   та не мали спокою од того,
   бо шукали правильну дорогу:

3. всі мости ті по разу одному
   перейти й вернутися додому.
   Та задачка ця не піддається:
   то той двічі, то якийсь минеться.

Пр. Ейлера граф має сутність гарну,
   що всі точки мають ступінь парну.
   Це – найперший результат,
   в книгу графів цінний вклад.

4. Та згадали, що між ними чемно
   проживає славний муж учений,
   він рахує й міряє все радо,
   дасть він точно цій проблемі раду.

5. Але Ейлер крутить головою:
   "Не пройти все ходкою одною,
   як ви це собі запланували,
   хоч би ви роками там блукали."

Пр. Ейлера граф ...

6. Теорему цю вже не змінити,
   це – законів непохитний злиток.
   Ні потопи, ні великі мости
   не зупинять науковий поступ.

7. Як війна зла через Прегель гнала,
   то мости з землею порівняла.
   Им'я ж Ейлера понад рікою
   не поховане віків юрбою.

Пр. Ейлера граф ...

8. Нову галузь, Ейлер, розпочав ти,
   що їй суджено цвісти й зростати.
   Користують із науки графів
   математики усіх парафій.

9. То ж, колеги, підіймаймо чаші,
   вип'єм дружно за здобутки наши:
   графтеоріє, рясній тривало,
   любимо тебе й п'ємо во славу!

1. M'lalui Pregel tujuh jembatannya
   Jumlah yang tak dapat diabaikan
   Pemimpin kota yang sangat bangga
   Membangun jembatan menakjubkan

2. Malam hari banyak keramaian
   Jalan jalan di atas jembatan
   Namun pertanyaan masih ada
   Memilih jalan yang paling tepat

3. Tiap jalan harus dilalui
   Tapi jangan kau lupa kembali
   Namun itu tidak kan terjadi
   Satu jembatan tak terlalui

Reff. Eulerian graph, derajatnya genap
   Fakta ini kan selalu benar
   Teorema tertua
   Di dunia graf kita

4. Rakyat kota merasa gelisah
   Semua daya membawa kecewa
   Untungnya ada satu jawara
   Ahli Matematika di sana

5. Tuan Euler dapat menjawabnya
   Dia bilang memang tidak mungkin
   Meniti tiap tujuh jembatan
   S'kali saja dan terus kembali

Reff. Eulerian graph ...

6. Ilmu alam punya aturannya
   Tak satupun dapat mengubahnya
   Jembatan dan badai pun tak bisa
   Mempengaruhi hukum yang ada

7. Saat perang datang menyergapnya
   Jembatannya jatuh berantakan
   Namun nama Euler tetap jaya
   Dikenang untuk s'lama - lamanya

Reff. Eulerian graph ...

8. Nama Euler selalu abadi
   Sepanjang Teori Graf bersemi
   Semakin lama makin berkembang
   Tumbuh bersama aplikasinya

9. Ayo kawan, kita bergembira
   Mari kita saling merayakan
   Kemenangan dan kejayaannya
   Teori graf yang kita cintai.

1. Il y avait sept ponts sur la Pregel
   c'est bien plus qu'on eût pu espérer.
   Les édiles de Koenisberg étaient très fiers
   d'avoir construit de si belles paserelles.

2. Le soir tous allaient vers la rivière,
   parcourant les ponts de long en large,
   se posant constamment la question:
   comment trouver la bonne solution?

3. Ils voulaient traverser chaque pont
   puis s'en retourner à la maison,
   malheureusement cela ne marchait jamais,
   toujours des ponts en trop il y avait.

Ref. Les graphes d'Euler sont de degré pair,
   c'est un résultat toujours valide,
   c'est le plus vieux théorème
   qu'on connait dans ce domaine.

4. A la ville, il y avait un homme sage,
   un vrai savant en mathématiques,
   on pouvait aller le lui demander,
   sûrement aurait-il une bonne idée.

5. Maitre Euler secoua la tête tristement,
   on n'peut passer par chaque pont une seule fois,
   et même si le roi le demandait
   croyez moi, jamais rien n'y ferait.

Ref. Les graphes d'Euler ...

6. La science possède son propre règlement,
   contre lequel nul ne peut aller,
   ni les ponts, ni les rivieres ni aucun élément
   ne peut briser ce comportement.

7. Quand la guerre souffla sur la Pregel,
   ses tempêtes ont démoli les ponts,
   mais à la rivière le souvenir d'Euler
   survivra dans la postérité.

Ref. Les graphes d'Euler ...

8. Le nom d'Euler est toujours vivant,
   ainsi que la théorie des graphes,
   et plus le temps passe et plus cette théorie
   fleurit, bourgeonne et s'épanouit.

9. Amis, c'est l'heure de remplir notre verre,
   levons-le bien haut à la santé
   pour les siècles à venir, dans la prospérité,
   de notre chère théorie des graphes.

Kapitel 7

Sind Computer weiblich?

7.1 Kleines graues Männchen oder Weibchen?

Irgendwann fragt sich jeder, der mit einem Computer arbeitet, ob dieser Kerl nicht doch ein Eigenleben führt. Vielleicht sitzt so ein kleines graues Männchen in dem Kasten und lacht sich scheckig, dass man wieder einmal den richtigen Knopf nicht findet. Vielleicht ist es ja auch ein Frauchen? Das ist unsere Frage.

Das Computer-Problem

Sind Computer männlich oder weiblich??

7.2   Was glauben Frauen?

Frauen sind häufig überzeugt: **Computer sind männlich!**

Ihre Begründungen sind ziemlich stichhaltig:

1. Er hat jede Menge Wissen, ist aber trotzdem planlos.

2. Er soll helfen, Probleme zu lösen, ist aber die meiste Zeit selbst das Problem.

3. Sobald man sich einen zulegt, stellt man fest: Hätte man nur einen Augenblick gewartet, hätte man einen besseren bekommen.

7.3   Was glauben Männer?

Männer sind sehr überzeugt: **Computer sind weiblich!**

Und auch ihre Begründungen sehen nicht schlecht aus:

1. Nicht einmal der Schöpfer versteht ihre innere Logik.

2. Die Sprache, mit der sie sich untereinander verständigen, ist für niemanden sonst verständlich.

3. Sogar die kleinsten Fehler werden im Langzeitgedächtnis zur späteren Verwendung gespeichert.

4. Sobald man einen hat, geht das ganze Geld für Zubehör drauf.

Nun liebe Leserin, lieber Leser, was glauben Sie?

Kapitel 8

Mathematik und Streichhölzer – Das Nim-Spiel

8.1 Einführung

Das Nim-Spiel ist schon ziemlich alt. Es lässt sich mit einfachsten Hilfsmitteln spielen und eignet sich daher sehr schön für den Strand oder die Autofahrt mit Kindern. Das besonders Schöne daran ist, dass es eine einfache Taktik gibt, mit der man dieses Spiel stets gewinnen kann. Das ist aber noch nicht das Allerschönste. Das liegt nämlich darin, dass man für diese Taktik wunderhübsche Mathematik einsetzen muss. Eine richtig niedliche kleine Rechnerei führt fast immer zum Gewinn, wenn nicht der Gegner unsere Strategie kennt und ebenfalls anwendet oder durch puren Zufall die richtigen Züge macht.

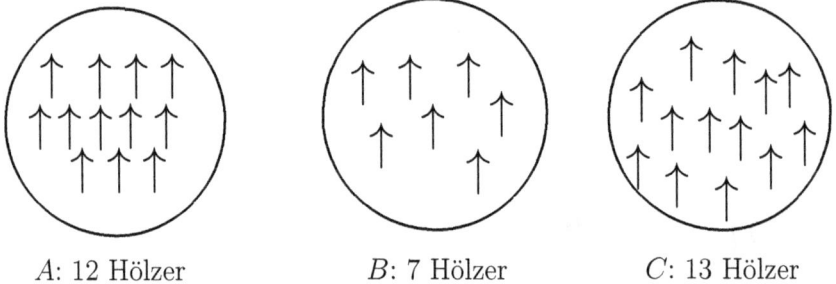

A: 12 Hölzer   B: 7 Hölzer   C: 13 Hölzer

Abbildung 8.1: Ausgangssituation des Nim-Spiels, drei Haufen mit 12, 7 und 13 Streichhölzern

8.2 Spielbeschreibung

Das Spiel kann man am einfachsten mit Streichhölzern spielen. Man kann es mit vielen Mitspielern spielen, unsere Strategie bezieht sich auf ein Spiel mit zwei Personen.

Auf dem Tisch werden drei Häufchen von Streichhölzern verteilt. Jedes enthält eine willkürliche Anzahl von Hölzchen.

Jetzt darf der erste Spieler oder die erste Spielerin von *einem* beliebigen Haufen eine *beliebige* Anzahl von Hölzchen wegnehmen, aber eben nur von *einem einzigen* Haufen. Dann darf der oder die zweite ebenso von einem beliebigen Haufen eine beliebige Anzahl Hölzchen fortnehmen und so fort, immer schön der Reihe nach und immer nur jeder von einem einzigen Haufen. Wer dann das letzte Hölzchen vom Tisch wegnehmen kann, hat gewonnen. Man darf zwischendurch und am Ende auch einen ganzen Haufen wegnehmen, wenn einem der Sinn danach steht oder die Strategie das vorgibt. Irgendwie muss man nur an das letzte Hölzchen herankommen.

Das hört sich nach einem simplen Spiel an, nur wer gegen mich spielt und stets verliert, wird sich doch am Kopf kratzen und dem Mathematiker ins Hirn schauen wollen. Richtig, da folge ich einem Plan, der mich sicher gewinnen lässt.

Um ihn zu erklären, müssen wir uns auf das Spiel mit zwei Zahlen einlassen.

8.3 Dualzahlen

Diese Zahlen wurden schon vor 300 Jahren von dem Hannoveraner Universalgenie (o.k., er ist in Leipzig geboren, hat aber mehr als 40 Jahre in Hannover gelebt und gearbeitet) Gottfried Wilhelm Leibniz[1] betrachtet. Er hat sogar eine feine Maschine erfunden, mit der man den Umgang mit diesen Zahlen darstellen kann.

Wir gehen von einem Beispiel aus. Was sagt uns die Zahl 245? Wir sprechen sie als zweihundertfünfundvierzig. Da steckt also eine 100 und eine „zig", also eine 10 in der Zahl, das heißt, sie bedeutet:

$$2 \cdot 100 + 4 \cdot 10 + 5 \cdot 1.$$

Da haben wir die Potenzen von 10, also $10^0 = 1$, $10^1 = 10$ und $10^2 = 100$ verwendet. Das sind unsere beliebten Zahlen im Zehnersystem.

Niemand kann es uns verbieten, hier auch mit anderen Grundzahlen zu hantieren. Nehmen wir doch die Potenzen von 2, also

$$2^0 = 1, \ 2^1 = 2, \ 2^2 = 4, \ 2^3 = 8, \ 2^4 = 16, \ 2^5 = 32, \ldots,$$

[1] Gottfried Wilhelm Leibniz (1646–1716)

und versuchen wir, damit eine Zahl, z.B. 245 darzustellen. Der wesentliche Trick an der Geschichte liegt darin, dass wir mit der höchsten Potenz anfangen, die gerade noch geht. Nun, $2^7 = 128$ und $2^8 = 256$. 256 ist zu groß. Wir starten also mit 128 und schreiben

$$245 = 1 \cdot 128 + 117 = 1 \cdot 2^7 + 117.$$

In der 117 steckt als nächst kleinere Zweierpotenz die $64 = 2^6$. Wir schreiben also weiter

$$245 = 1 \cdot 2^7 + 1 \cdot 2^6 + 53.$$

Das machen wir so weiter und erhalten schließlich

$$245 = 1 \cdot 2^7 + 1 \cdot 2^6 + 1 \cdot 2^5 + 1 \cdot 2^4 + 5.$$

Hier unterbrechen wir, denn eigentlich käme jetzt die $2^3 = 8$, aber 5 ist kleiner als 8, die 2^3 müssen wir also überspringen. Aber die 2^2 müssen wir verwenden. Als Rest bleibt $1 = 2^0$, wir müssen also auch noch 2^1 auslassen. Wir erhalten damit

$$245 = 1 \cdot 2^7 + 1 \cdot 2^6 + 1 \cdot 2^5 + 1 \cdot 2^4 + 0 \cdot 2^3 + 1 \cdot 2^2 + 0 \cdot 2^1 + 1 \cdot 2^0.$$

Oben bei den Zehnerzahlen haben wir nur noch die Vorfaktoren hingeschrieben. Das machen wir jetzt auch. Hier gibt es aber nur die beiden Vorfaktoren 0 und 1. Um den Unterschied zu den Zehnerpotenzen herauszustellen, schreiben wir diese Faktoren als I und O. Damit lautet unsere Zahl 245 in der Zweierpotenzdarstellung

$$245 = IIIIOIOI.$$

Genau solche Zahlen nennen wir Dualzahlen. Vielleicht noch ein Beispiel gefällig?

$$
\begin{aligned}
129 &= 1 \cdot 2^7 + 0 \cdot 2^6 + 0 \cdot 2^5 + 0 \cdot 2^4 + 0 \cdot 2^3 + 0 \cdot 2^2 + 0 \cdot 2^1 + 1 \cdot 2^0 \\
&= IOOOOOOI
\end{aligned}
$$

oder

$$29 = 1 \cdot 2^4 + 1 \cdot 2^3 + 1 \cdot 2^2 + 0 \cdot 2^1 + 1 \cdot 2^0 = IIIOI.$$

Diese Dualzahlen führen uns jetzt tatsächlich zum Sieg, besser noch zur vernichtenden Niederlage für jeden, der es wagen sollte, uns beim Nimspiel herauszufordern.

8.4 Die Taktik

Die Taktik ist nicht gar so einfach. Man muss sich schon etwas konzentrieren, um einen geschickten Gegner aufs Kreuz zu legen.

Wir betrachten jeden der drei vor uns liegenden Haufen einzeln. Aus jedem bilden wir Teilhaufen und zwar mit Hilfe unserer Dualzahlen. Genau so, wie wir die Zahlen zerlegt haben, um ihre Dualzahldarstellung zu gewinnen, zerlegen wir jetzt die Haufen. Im ersten Haufen suchen wir die größte Zweierpotenz, die in der Zahl der Hölzchen enthalten ist. Wir bilden einen Teilhaufen mit genau dieser Anzahl. Den Rest zerlegen wir weiter. Wir bilden also Teilhaufen nach den enthaltenen Zweierpotenzen.

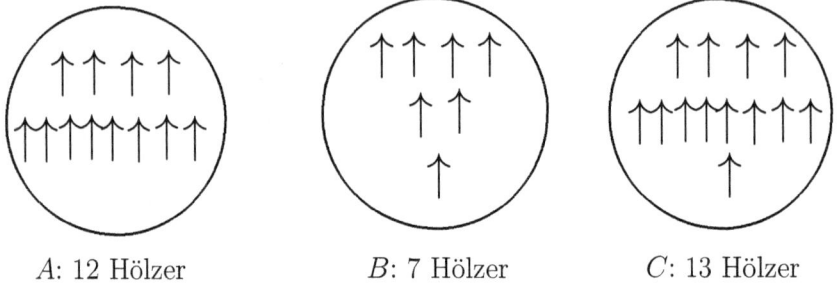

A: 12 Hölzer B: 7 Hölzer C: 13 Hölzer

Abbildung 8.2: Unsere drei Haufen mit 12, 7 und 13 Streichhölzern, jetzt schön geordnet nach Zweierpotenzen

Beispiel: Ein Haufen enthalte 13 Hölzchen. Wir zerlegen ihn in drei Teilhaufen mit 8, mit 4 und mit 1 Hölzchen; denn es ist $13 = 1 \cdot 8 + 1 \cdot 4 + 0 \cdot 2 + 1 \cdot 1$ oder anders ausgedrückt: 13 hat die Dualdarstellung $IIOI$.

Das machen wir so mit jedem Haufen. Wenn man etwas daran übt, kann man das im Kopf erledigen. Vielleicht rückt man so ein bißchen die Hölzchen gerade und schiebt dabei wie zufällig kleine Teilhäufchen zurecht. Der Gegner darf das nicht merken. „Man ist ja auch so nervös beim Nachdenken."

Jetzt muss man die Übersicht bewahren. Etwas zurücklehnen und die Haufen fixieren. Wir sehen eventuell Teilhaufen mit 1 Hölzchen, vielleicht auch welche mit 2 Hölzchen, dann andere mit 4, vielleicht einige mit 8 Hölzchen usw. je nachdem, wie viele Hölzchen wir zufällig am Anfang jedem Haufen zugeteilt haben. Aber insgesamt können nur höchstens drei Teilhäufchen mit 1 Streichholz auf dem Tisch liegen, höchstens drei Teilhäufchen mit 2 Hölzern usw., weil wir ja nur drei Haufen insgesamt haben und in jedem Haufen jede Zweierpotenz höchstens einmal vorkommt.

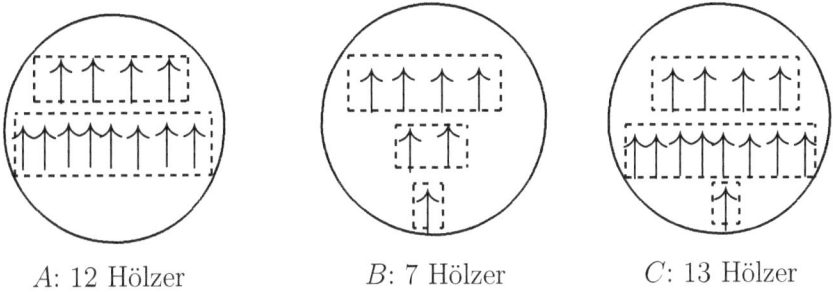

A: 12 Hölzer   B: 7 Hölzer   C: 13 Hölzer

Abbildung 8.3: Unsere drei Haufen mit 12, 7 und 13 Streichhölzern, mit Umrahmungen der Teilhaufen

Die Übersicht stellen wir folgendermaßen her:

Wir versuchen (natürlich nur gedanklich, wir rühren kein Holz vom Fleck) auf dem gesamten Tisch Paare zu bilden, richtige Paare, also zwei Teilhaufen mit je 1 Holz, zwei Teilhaufen mit je 2 Hölzern usw. Oben im Bild sehen wir drei Teilhaufen mit je vier Hölzchen, darunter zwei Teilhaufen mit je 8 Hölzchen, dann einen Teilhaufen mit zwei Hölzchen und unten zwei Teilhaufen mit je einem Holz. Das ist noch nicht so richtig paarweise. Die beiden 8-er Häufchen passen zwar, genau so die beiden 1-er Haufen. Aber bei den 4-er und dem 2-er Haufen ist es ungerade. Von den 4-ern haben wir drei und von den 2-er nur einen ganz allein.

Das wird uns häufig passieren, dass diese Paarbildung nicht von vorne herein gegeben ist. Einer solchen gepaarte Sonderstellung geben wir einen eigenen Namen:

Definition 8.1 *Sind von jeder Sorte von Teilhaufen nur eine gerade Anzahl, also entweder zwei oder gar keiner, auf dem Tisch, bleibt also kein Teilhaufen einsam und allein, so nennen wir die Anordnung eine Gewinnstellung.*

*Bleiben ein oder mehrere Teilhaufen ungepaart zurück, so nennen wir die
Anordnung eine Verluststellung.*

Das sind etwas geheimnisvolle Namen, Gewinn- und Verluststellung. Bevor wir sie erklären, setzen wir erst noch eins drauf und formulieren den
nächsten Satz.

Satz 8.1 *Aus jeder Verluststellung lässt sich durch einen Zug eine Gewinnstellung herstellen.*
*Aus jeder Gewinnstellung kann durch einen Zug nur eine Verluststellung
erzeugt werden.*

Zwei wesentliche Fragen sind hier zu stellen:

1. Geht das wirklich immer?

2. Was haben wir davon?

Bemerkung 8.1 *Nebenbei bemerkt, das sind typische Fragen für einen
Mathematiker. Die erste werden Sie sicher auch so erkennen, natürlich
fragen wir danach, ob eine Aufgabe lösbar ist. Das ist geradezu fast ein
Wesenszug der Mathematik, solche Fragen nach der Existenz von Lösungen zu stellen und zu beantworten. Werfen Sie vielleicht einen Blick
zurück ins Vorwort. Die zweite Frage zielt darauf, Aussagen zu bewerten. Auch das ist typisch mathematisch, nicht nur Lösungen anzubieten,
sondern auch darüber nachzudenken, wie gut oder schlecht die Lösung
ist.*

Zur Beantwortung der ersten Frage werden wir schlicht einen mathematischen Beweis liefern.

Zur zweiten Frage werden wir uns später überlegen, dass eine Gewinnstellung wirklich zum Gewinn führt.

8.5 Die Gewinnstrategie

Zuerst also die Frage: Wie gewinnen wir aus einer Verluststellung eine Gewinnstellung? Dabei dürfen wir aber nur Hölzchen von einem einzigen Haufen wegnehmen; so sagt die Regel.

> *Wir nehmen von einem Haufen soviel Hölzchen weg, dass sich anschließend alle Teilhaufen zu Paaren zusammen fassen lassen. Entweder liegen dann also von einer Zweierpotenz zwei Teilhäufchen auf dem Tisch oder keins.*

Wir müssen dabei zwei Punkte klären:

- Von welchem Haufen wollen wir Hölzchen wegnehmen?
- Wie viele Hölzchen wollen wir von diesem Haufen wegnehmen?

Die Taktik

1. Sind alle ungeradzahlig oft auftretenden Zweierpotenzen zufällig in ein und demselben Haufen, so wählen wir diesen Haufen und nehmen die „ungeraden" Teilhaufen alle auf einmal weg und sind fertig.

2. Sind die ungeradzahligen Zweierpotenzen in verschiedenen Haufen, so konzentrieren wir uns auf einen Haufen, in dem die größte ungeradzahlige Zweierpotenz liegt. Das ist entweder ein einziger Haufen oder sie liegt in allen drei Haufen. Dann haben wir die freie Wahl. Nennen wir doch diesen Haufen einfach A.

3. Aus diesem gewählten Haufen A, und nur aus diesem, entfernen wir nun Hölzchen. Wie viele?

(a) Zuerst nehmen wir alle ungeradzahligen kleineren Zweierpotenzen aus diesem Haufen A weg.

(b) Dann sind vielleicht noch ungerade Teilhaufen in einem der Haufen B oder C. Diese sind aber dann jeweils nur einfach vorhanden und von kleinerer Anzahl. Unsere größte Zweierpotenz im Haufen A wird nun aufgeteilt in kleinere Zweierpotenzen. Diejenigen, die sich mit den anderen Teilhaufen paaren, bleiben bestehen, die anderen kommen ins Kröpfchen, werden also beiseite geräumt.

Auf diese Weise haben wir alle Teilhaufen gepaart, und wir sind bei einer Gewinnstellung.

Wir kommen zurück auf unser Beispiel in Bild 8.3 auf Seite 93. Dort sind die 8-er paarweise, aber die 4-er Banden sind zu dritt. Da in jedem Haufen ein 4-er vorkommt, können wir uns frei entscheiden, welchen Haufen wir wählen. Wir geben für jede Wahl die richtige Taktik an.

1. Wählen wir Haufen A. Der 4-er muss auf jeden Fall weg; aber es steht ja noch der 2-er im Haufen B so allein. Wir werden also aus dem 4-er einen 2-er machen, indem wir zwei Hölzchen aus A entfernen. Und schon ist es eine Gewinnstellung, alles paart sich wunderbar. Die Endstellung zeigen wir in der Figur auf der nächsten Seite oben.

2. Wählen wir Haufen B. Auch hier ist der 4-er zuviel. Wenn wir ihn ganz wegnehmen, bleibt noch der 2-er ungerade zurück, also nehmen wir den gleich mit weg. Wir entfernen also vom Haufen B insgesamt 6 Hölzchen.

3. Wählen wir Haufen C. Der 4-er muss weg, klar. Aber der 2-er im Haufen B braucht seinen Zwilling. Also machen wir aus dem 4-er in C einen 2-er, nehmen also zwei Hölzchen weg, und haben alles gezwillingt.

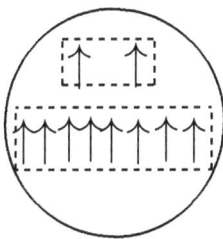 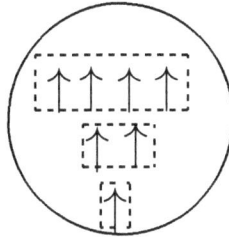 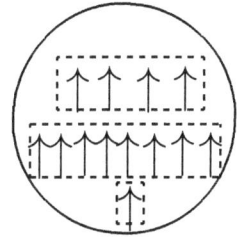

A: 10 Hölzer   B: 7 Hölzer   C: 13 Hölzer

Abbildung 8.4: Unsere drei Haufen nach dem Zug, bei dem wir aus dem Haufen A zwei Hölzchen ins Kröpfchen getan haben. Alles ist nun schön paarweise vorhanden: zwei 8-er, zwei 4-er, zwei 2-er und zwei 1-er.

8.6 Der Verlust des Gegners

Jetzt die zweite Frage: Warum kann unser Gegner aus einer Gewinnstellung immer nur eine Verluststellung herstellen?

Nun, unser werter Gegner darf ja auch nur von einem einzigen Haufen Hölzchen entfernen. Dann hat er im Prinzip zwei Möglichkeiten:

1. Er nimmt von einem Haufen eine oder mehrere vollständige Zweierpotenzen weg. Damit beraubt er die zugehörigen Partner in den anderen Haufen ihres Pendants und diese armen bleiben als Waisen zurück. Eine Verluststellung.

2. Oder aber er nimmt einige kleinere Teilhäufchen weg und zusätzlich von einem größeren Teilhäufchen auch noch einige Hölzlein. Dabei kann er vielleicht die kleineren weggenommenen Teilhäufchen wieder ersetzen, aber der größere ist ja weg und dessen Partner muss weinen, weil er alleine bleibt. Wieder nur eine Verluststellung.

Jetzt noch die kleine Schlussüberlegung, dass ja nur endlich viele Hölzchen insgesamt auf dem Tisch liegen und bei jedem Zug Hölzchen wegge-
nommen werden. Irgendwann ist ein Haufen ganz verschwunden. Zurück
bleiben für den Gegner zwei Haufen mit jeweils genau gleich vielen Hölzchen, weil wir ja immer alles „gerade" einrichten können. Dann geht es
Hölzchen um Hölzchen zurück, bis wir das letzte in unseren Sack stecken.
Das Spiel endet also garantiert nach einer endlichen Anzahl von Zügen;
es geht nicht endlos weiter.

8.7   Zum Schluss der Anfang

Ein ganz kleines Randproblem bleibt noch zu klären. Was ist, wenn unser
Gegner zu Beginn bei seinem ersten Zug zufällig eine Gewinnstellung
herstellt? Dann müssen wir ein Pokerface machen und einfach von einem
beliebigen Haufen ein Hölzchen wegnehmen und hoffen, dass er beim
nächsten Zug einen Fehler macht.

Genau so verhalten wir uns, wenn wir den ersten Zug machen dürfen und
eine Gewinnstellung vorfinden. Die müssen wir dann zerstören, aber wir
können ja in Ruhe auf den Fehler unseres Gegners warten.

Das ist also eine richtig gemeine Taktik. Sind wir erst mal auf der Gewin-
nerstraße, kann unser Gegner überhaupt nichts mehr ausrichten. Wenn
wir nicht einen dummen Fehler machen, gewinnen wir garantiert.

8.8   Ausblick

In diesem Kapitel haben wir ein richtiges Gesellschaftsspiel vollständig
analysiert und eine Gewinnstrategie entworfen. Das sieht nach Spielerei
aus, hat aber gerade in der heutigen Zeit einen erstaunlichen Bezug zur

Wirklichkeit. In der sogenannten Spieltheorie, einem Zweig der modernen Mathematik, werden die Methoden, die man zur Analyse von Spielen entworfen hat, auf einfache Modelle des Wirtschaftslebens angewendet.

8.9 Denksportaufgabe: Acht 8-en ergeben Tausend

Während eines Aufenthaltes in der antiken Stadt Ephesus in der Nähe von Izmir (Türkei) stellt Wolkan, ein junger türkischer Student, folgende Aufgabe:

Wie kann man aus den Ziffern 8,8,8,8,8,8,8,8 die Zahl 1000 kombinieren? Acht 8-ten möchten es also auf 1000 bringen. Wie geht das?

Um Sie nicht lange raten zu lassen, verraten wir es der getreuen Leserschar:

Lassen Sie aber bitte Ihre Zuhörer eine Weile raten. Dann kommt der erste Hinweis, dass man lediglich die simple Addition im Auge haben muss.

$$
\begin{array}{r}
888 \\
88 \\
8 \\
8 \\
8 \\
\hline
1000
\end{array}
$$

Dann der zweite Hinweis: Hinten stechen die Bienen, wie jeder Doppelkopfspieler wissen sollte, und hinten fängt man an zu addieren. Wie viele 8-en brauchen wir, um die 0 hinten zu erreichen? Fünf! Diese fünf 8-en schreiben Sie untereinander. Dann sollte der Aha-Effekt eintreten. Die drei übriggebliebenen 8-en kann man wohl leicht verteilen.

Kapitel 9

Was ist eigentlich imaginär?

9.1   Einleitung

Geheimnis umwittert kommt uns das Imaginäre daher. Kaum sichtbar, vielleicht nur ein Bild, ein Trugbild gar. Imaginäre Zahlen, was verbergen die Mathematiker dahinter? Arbeitet da ein Geheimbund in abgeschlossenen Zirkeln und will die Welt vernichten?

Nichts von alledem ist auch nur annähernd richtig. Damals, zu den Gründerzeiten der komplexen Zahlen war das Imaginäre etwas Geheimnisvolles. Aber inzwischen hat es Eingang in Schulbücher gefunden und wird von den Elektroingenieuren bei ihrer Vierpoltechnik hervorragend angewendet.

Was also ist imaginär?

9.2   Der mathematische Körper

Jeder weiß, was ein Körper ist. In der Mathematik gibt es auch noch Ober- und Unterkörper, ja Schiefkörper und Erweiterungskörper. Manche Körper sind abgeschlossen, manch andere vollkommen – welch schöne Vorstellung. Dann gibt es aber auch Zerfällungskörper – wie furchtbar.

Hier hat die Mathematik und insbesondere die Algebra viele Begriffe aus dem täglichen Leben adaptiert, dahinter verbirgt sich aber etwas sehr Unalltägliches.

Ein Körper ist grob gesprochen eine Menge von Zahlen, in der man alle unsere liebgewonnenen Rechengesetze ausführen kann.

Man kann also zwei Zahlen addieren und subtrahieren, sie miteinander multiplizieren, ja, und durch alle Zahlen außer der Null auch dividieren. Das geht nach ganz präzisen Rechengesetzen. Diese Rechengesetze können und müssen wir in jedem speziellen Fall, also z.B. bei den Bruchzahlen, nachprüfen und beweisen. Wir zählen sie nur mal auf: Assoziativgesetz, Kommutativgesetz, Distributivgesetz und die Existenz neutraler und inverser Elemente.

Jetzt kommt der entscheidende Knackpunkt: Wenn wir *allgemein* von einem Körper reden, so *fordern* wir diese Gesetze als Grundbausteine.

Diese Gesetze heißen Axiome.

Das muss man sich genau anhören. Wir *fordern* also, dass diese Gesetze gelten möchten. Orientiert haben wir uns dabei an den Bruchzahlen. Die gehorchen nämlich solchen Gesetzen. Das kann man beweisen. Allgemein möchten wir also Bereiche betrachten, für die solche Rechengesetze gelten.

Solche Zahlenmengen heißen Körper.

Als Beispiel nennen wir die Bruchzahlen, also die rationalen Zahlen und dann auch die im Computer verwendeten Zahlen O und I. Diese beiden Zahlen allein kann man auch mit Rechengesetzen versehen, so dass sie einen Körper bilden. Dann ist z.B. $I + I = O$, was man bei den rationalen Zahlen als $1 + 1 = 0$ interpretieren müsste. Bitte vergleiche Sie für weitere Einzelheiten über die Dualzahlen das Kapitel 8.3 ab Seite 89.

Eine sehr wichtige Eigenschaft, die man unter diesen Voraussetzungen in beliebigen Körpern zur Verfügung hat, ist die sog. Nullteilerfreiheit.

Satz 9.1 (Nullteilerfreiheit) *Gilt in einem Körper*

$$a \cdot b = 0, \tag{9.1}$$

so ist mindestens einer der beiden Faktoren gleich null.

So ein Satz ist prima anzuwenden bei der Nullstellensuche von Polynomen. Man zerlegt das Polynom in Faktoren und hat schon alle Nullstellen. Das Zerlegen ist nur leider nicht ganz einfach.

9.3   Die reellen Zahlen

Ein weiteres Beispiel eines Zahlkörpers sind die reellen Zahlen. Oh bitte, fragen Sie mich nicht, was das ist, eine reelle Zahl. Das ist nämlich eine ausgesprochen schwierige Konstruktion.

Vielleicht für Mathehungrige in Kleinschrift: Betrachten Sie alle konvergenten Folgen, die gegen ein bestimmtes Grenzelement konvergieren. Alle diese unendlich vielen Folgen zusammen nennen wir dann eine reelle Zahl. Wir geben ihr den Namen des Grenzelementes. Jetzt müssen Sie aber erklären, wie Sie mit solchen Ungeheuern rechnen wollen. Was soll bitte die Summe von zwei solch unendlichen Mengen an Zahlenfolgen sein? Das überlassen wir der Algebra.

Warum braucht man überhaupt die reellen Zahlen? Lassen wir sie doch einfach in der Hölle schmoren. Unsere Computer benutzen doch auch nur endliche Dezimalzahlen, das sind also Brüche.

Da kommen Sie aber ganz gehörig ins Schwitzen, wenn Sie z.B. von einer schönen stetigen Funktion, die bei -100 negativ und bei 50 positiv ist, zeigen wollen, dass sie zwischendrin durch Null geht, „was man ja sofort sieht". Wenn Sie aber nur die rationalen Zahlen betrachten, so kann die gesuchte Nullstelle eventuell nicht dazu gehören. Auch für den Mittelwertsatz brauchen Sie zwingend die reellen Zahlen. Sonst läßt er sich nicht beweisen, dieser Frechdachs.

Wir sehen also, dass man ohne diese Monster von reellen Zahlen nicht auskommt. Wir aber wollen sie hier nur der Vollständigkeit wegen erwähnen, uns aber nicht weiter um sie kümmern. Sie sind halt da, und wir benutzen sie.

9.4   Motivation für das Imaginäre

Immer wieder in der Geschichte stieß die Mathematik an Grenzen, die mit den bis dato verfügbaren Möglichkeiten unüberwindlich schienen. Dann war Kreativität gefordert, um neue Ideen zu entwickeln.

So waren auch mit den Zahlen Probleme aufgetreten:

1. Man konnte wunderbar mit Quadratwurzeln aus positiven Zahlen umgehen, bei negativen Zahlen hatte man keine Ahnung, wie man das anstellen sollte. Welche Zahl ergibt, wenn man sie quadriert, eine negative Zahl?

2. Nullstellen von Funktionen waren für viele Bereiche von großem Interesse. Höchst ärgerlich, dass die einfache Funktion

$$f(x) = x^2 + 1$$

offensichtlich keine bisher bekannte Nullstelle hat.

Hier waren also Ideen gefragt, wie man die offensichtlich doch nicht so vollkommenen reellen Zahlen erweitern konnte, so dass endlich alle gewünschten Rechenoperationen durchführbar sind.

9.5 Die komplexen Zahlen

So kompliziert die Beschreibung der reellen Zahlen ist, so einfach kann man die komplexen Zahlen erklären.

Der Gedanke lag wie immer ziemlich nah.

Wenn die reelle Zahlengerade voll ist und sich nicht erweitern lässt, so muss man halt in die Ebene ausweichen.

Wir betrachten also die ganze Ebene, die wir mit $\mathbb{R}^2$ bezeichnen wollen.

Schon lange kannte man die Vektoren in der Ebene, die wir als Zahlenpaare in [9], Kapitel „Das Spiegelproblem", S. 23, eingeführt haben:

Sei (a, b) ein Vektor in der Ebene, wobei a und b beliebige reelle Zahlen sein können.

Diese Vektoren kann man leicht in der Ebene veranschaulichen. Es sind die Pfeile, die vom Nullpunkt ausgehen, die wir aber auch beliebig in der

Ebene parallel verschieben dürfen. Mit diesen Vektoren kann man ganz
leicht rechnen.

Satz 9.2 (Rechengesetze für Vektoren im $\mathbb{R}^2$) *Vektoren können
wir addieren:*

$$(a, b) + (c, d) := (a + c, b + d),   (9.2)$$

wir addieren also einfach die Komponenten.

Vektoren können wir mit reellen Zahlen multiplizieren:

$$\lambda \cdot (a, b) := (\lambda \cdot a, \lambda \cdot b),   (9.3)$$

jede Komponente wird also einzeln mit der Zahl multipliziert.

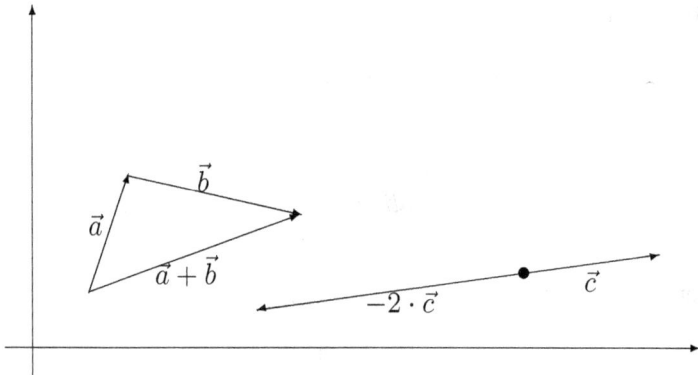

Abbildung 9.1: Addition (links) und Skalarmultiplikation (rechts) von
Vektoren

Graphisch kann man auch leicht sehen, wie sich die Addition durchführen
lässt: Man setzt die beiden Vektoren aneinander, den Anfang des zweiten

an die Spitze des ersten. Die Summe ist dann der Vektor vom Anfang des ersten bis zur Spitze des zweiten Vektors.

Die Multiplikation mit einer Zahl λ bedeutet schlicht die Verlängerung, falls $\lambda > 1$ ist, oder die Verkürzung, falls $\lambda < 1$ ist. Für $\lambda = 1$ ändert sich nichts. Ist $\lambda < 0$, so dreht sich der Vektor in seiner Richtung um.

Bei den reellen Zahlen haben wir zusätzlich eine Multiplikation einer reellen Zahl mit einer anderen. Schließlich sind die reellen Zahlen ja ein Körper, wie wir oben erklärt haben. Das möchten wir auch für unsere Vektoren haben. Sie werden vielleicht sagen, wir hätten doch das Skalarprodukt oder innere Produkt. Richtig, aber das Ergebnis ist leider kein Vektor, sondern eine Zahl.

Eventuell fällt Ihnen aus der Oberstufe das Kreuzprodukt von Vektoren ein. Auch wieder richtig, aber dieses ist eigentlich nur für den $\mathbb{R}^3$ definiert. Außerdem ist das Produkt ein Vektor, der senkrecht auf den beiden anderen steht, er bleibt nicht in der Ebene der beiden ersten.

Das passt also alles nicht, ganz abgesehen davon, dass die Rechengesetze für diese Operationen völlig anders sind als die Rechengesetze für die reellen Zahlen. Erinnern Sie sich noch, dass die Gleichung

$$\vec{a} \cdot \vec{x} = d$$

als „Lösungsvektor" $\vec{x}$ jeden Vektor einer ganzen Ebene zulässt? Das ist die Hessesche Normalform der Ebene. Also kann man mit dem inneren Produkt keine Gleichungen lösen.

Wir brauchen aber eine Multiplikation, damit wir auch für die komplexen Zahlen unsere Rechengesetze voll einsetzen dürfen. Es muss eine völlig neue Multiplikation sein.

Nahe liegt der folgende

Versuch einer Multiplikation für Vektoren der Ebene:

$$(a, b) \cdot (c, d) := (a \cdot c, b \cdot d)$$

Das sieht einfach und geschickt aus. Warum nehmen wir das nicht so?

Erinnern wir uns an die oben im Satz 9.1 erklärte Nullteilerfreiheit. Probieren wir das hier aus und denken einen Moment nach. Können wir zwingend schließen, falls ein solches Produkt den Nullvektor ergibt, dass einer der beiden Vektoren schon der Nullvektor ist?

Na, haben Sie's? Nehmen wir den Vektor $(a, b) = (2, 0)$ und den Vektor $(c, d) = (0, 3)$ und multiplizieren wir sie nach obiger Regel miteinander.

$$(a, b) \cdot (c, d) = (2, 0) \cdot (0, 3) := (2 \cdot 0, 0 \cdot 3) = (0, 0)$$

Wir haben also zwei Vektoren, die beide nicht Nullvektoren sind, angegeben, deren Produkt den Nullvektor ergibt. Das widerspricht klar der Nullteilerfreiheit. Mit diesem Produkt können wir nicht weiter hantieren, es ließe uns beim Lösen von Gleichungen völlig im Stich. Es ist ja auch, wenn Sie genau hinschauen, das innere Produkt, und die beiden gewählten Vektoren stehen aufeinander senkrecht.

Die richtige Methode ist leider etwas kompliziert. Wir werden aber später die einfache Merkregel dafür angeben.

Hier jetzt erst mal die Definition:

Definition 9.1 (Produkt von Vektoren)

$$(a, b) \cdot (c, d) := (a \cdot c - b \cdot d, a \cdot d + b \cdot c) \tag{9.4}$$

Das sieht wirklich kompliziert aus. Wir üben das also am besten gleich an zwei Beispielen, damit Sie den Spaß an der Rechnung bekommen.

Beispiel 9.1 *Was ergibt $(2, 1) \cdot (2, -1)$ und was $(0, -4) \cdot (2, -3)$?*

Wir rechnen einfach los.

$$(2, 1) \cdot (2, -1) = (2 \cdot 2 - 1 \cdot (-1), 2 \cdot (-1) + 1 \cdot 2) = (5, 0)$$

$$(0, -4) \cdot (2, -3) = (0 \cdot 2 - (-4) \cdot (-3), 0 \cdot (-3) + (-4) \cdot 2) = (-12, -8)$$

Jetzt sind wir so weit und haben die neuen Zahlen. Diese Multiplikation genügt allen Rechengesetzen, die wir von den reellen Zahlen gewohnt sind und so recht lieben.

Fassen wir das zusammen, so können wir festhalten:

Definition 9.2 *Die komplexen Zahlen sind die Vektoren in der Ebene zusammen mit ihrer einfachen Addition (9.2) und der etwas komplizierteren Multiplikation (9.4). Damit werden die Vektoren zu einem Zahlenkörper.*

9.6   Was ist jetzt aber i?

Das Imaginäre schreckt uns jetzt nicht mehr. Es ist einfach eine Festlegung, die uns den Umgang mit diesen neuen Zahlen etwas bequemer macht. Wir setzen fest:

Definition 9.3 *Den Vektor* $(0,1)$, *der also in der Ebene senkrecht nach oben zeigt, nennen wir* i, *also*

$$i := (0,1) \tag{9.5}$$

Das also ist unser i, unsere imaginäre Einheit. Einheit deshalb, weil der Vektor die Länge 1 hat.

9.7   Neue Schreibweise

Die Abkürzung i für den Vektor $(0,1)$ macht es uns leichter, mit den komplexen Zahlen umzugehen. Wir können bekanntlich jeden Vektor (a,b) der Ebene mit den Einheitsvektoren darstellen. Diese beiden sind die Vektoren $(1,0)$ und $(0,1)$:

$$(a,b) = (a,0) + (0,b) = a \cdot (1,0) + b \cdot (0,1).$$

Der Vektor $(1,0)$ liegt auf der x-Achse und zeigt nach rechts in Richtung wachsender x-Werte. Er stellt also im Wesentlichen die reellen Zahlen dar. Da liegt doch folgende Verabredung nahe:

Wir schreiben statt $(a,0)$ einfach a, wir identifizieren also die reellen Zahlen mit den Vektoren der x-Achse. Anders ausgedrückt, wir lassen den Vektor $(1,0)$ bei der Beschreibung der komplexen Zahlen einfach weg.

Den Vektor $(0,1)$, der auf der y-Achse liegt und nach oben in Richtung wachsender y-Werte zeigt, haben wir ja mit i abgekürzt. Dann können wir doch eine komplexe Zahl (a,b) schreiben als

$$(a,b) = a \cdot (1,0) + b \cdot (0,1) = a + b \cdot i.$$

Damit haben wir also eine andere, einfachere Schreibweise für die komplexen Zahlen. In der Regel lässt man den Malpunkt auch noch fort.

Definition 9.4 *Wir nennen bei einer komplexen Zahl $a + ib$ die reelle Zahl a den Realteil und die reelle Zahl b den Imaginärteil der komplexen Zahl.*

Kann man mit dieser Schreibweise besser rechnen? Die Addition ging bei den Vektoren komponentenweise, das überträgt sich hierher:

$$(a + ib) + (c + id) = a + c + i(b + d).$$

Für die Multiplikation zeigen wir, dass uns die imaginäre Zahl i mit den negativen Quadratwurzeln hantieren lässt. Es ist nämlich mit unserer Multiplikation (9.4)

$$i \cdot i = i^2 = (0,1) \cdot (0,1) = (-1,0) = -1.$$

Das haben wir doch gesucht, eine Zahl, deren Quadrat negativ ist.

Damit merkt man sich die kompliziert anmutende Multiplikationsregel:

$$
\begin{aligned}
(a + ib) \cdot (c + id) &= a \cdot c + i^2 \cdot b \cdot d + i \cdot a \cdot d + i \cdot b \cdot c \\
&= ac - bd + i(ad + bc)
\end{aligned}
$$

Eigentlich multipliziert man nur die Klammern aus. Dann benutzt man $i^2 = -1$ und fasst die beiden Terme mit i zusammen. Hat man das dreimal gemacht, kann man es leicht auswendig.

Hier sei gleich die Warnung angeschlossen, dass mit $i^2 = -1$ nicht gleichbedeutend gilt:

$$
\sqrt{-1} = i \quad \text{Falsch, falsch, falsch!!!}
$$

Wir rechnen nämlich ganz schnell:

$$
(-i) \cdot (-i) = +i^2 = -1.
$$

Es gibt also eine zweite Zahl, deren Quadrat -1 ergibt, das ist die Zahl $-i$, also der nach unten gerichtete Vektor $-(0, 1)$. Damit ist die Quadratwurzel nicht eindeutig festgelegt. Und somit taugt eine solche „Definition" nicht zur Festlegung der Zahl i. Man weiß ja nicht, welchen der beiden Vektoren man nehmen soll.

Bemerkung 9.1 *Eine Bemerkung sei uns erlaubt. Der Autor hat sich die Mühe gemacht und in ca. zehn verschiedenen Mathematikbüchern nachgelesen, wie denn die Mathematiker die Zahl i erklären. Dann hat er anschließend ca. zehn Bücher von Nichtmathematikern, in denen etwas über komplexe Zahlen erzählt wurde, aufgeschlagen und nachgelesen, was dort als komplexe Einheit i definiert wird.*

Und jetzt kommt das Erstaunliche:

- *Alle Mathematiker haben es richtig gemacht und i als den Vektor $(0,1)$ in der komplexen Ebene definiert.*

- *Alle, wirklich alle Nichtmathematiker haben es falsch gemacht und i als die Wurzel aus -1 zu definieren versucht. Manche sind später in ihren Werken sogar dazu gekommen, dass im Komplexen Wurzeln mehrdeutig sind. Aber da haben sie sich nicht mehr an ihren eigenen Unsinn erinnern wollen.*

Verwunderlich ist nicht, dass in Büchern Fehler gemacht werden. Das kommt sogar zimmlig häufig vor. Es verwundert nur schon, dass jemand, der selbst kein Mathematiker ist, ein Buch über Mathematik schreibt und nicht wenigstens mal ein Mathematikbuch dabei aufschlägt.

9.8 Ausblick

Mit den komplexen Zahlen lassen sich nun weitere Rechnungen durchführen. Man kann die Multiplikation sehr schön graphisch deutlich machen. Man kann Beträge bilden und konjugierte Zahlen einführen.

Dann kann man auch Funktionen auf den komplexen Zahlen erklären und untersuchen. Das geht ähnlich wie bei den Untersuchungen in der Analysis. Für alle diese Weiterführungen wollen wir unsere Leserschar auf die Fachliteratur verweisen, die in überreichlicher Fülle zur Verfügung steht.

Kapitel 10

Mathematische Kunststücke

10.1 Einleitung

In diesem Kapitel haben wir ein paar Kniffe und Spielereien zusammengetragen. Dabei sind die Abschnitte 10.2 und 10.3 schon für unsere Kleinen in der Grundschule zu verstehen. Für den Abschnitt 10.4 braucht man die binomischen Formeln und das Klammernrechnen, wie man es in der 8. Klasse lernt. Für den Abschnitt 10.5 greifen wir auf Wurzelrechnung und das Lösen von quadratischen Gleichngen zurück. Das gehört in die 9. Klasse. Mit der „Behauptung", dass es keinen Wechselstrom gibt, kann man dann selbst gestandene Funktionentheoretiker verblüffen. Wir benötigen für eine „Rechtfertigung" Kenntnisse über komplexe Zahlen (vgl. Kapitel 9).

10.2   Verblüffende Summe

Dies ist ein Spielchen für unsere Kinder in der Grundschule. Wir behaupten dazu, dass wir die größten Rechenkünstler aller Zeiten sind, und beweisen das durch folgendes Kunststück.

Am verblüffendsten ist es, dieses Kunststück vor der versammelten 4. Klasse vorzuführen. Jemand schreibe eine dreistellige Zahl an die Tafel. Dann stellen wir uns, wenn möglich, hinter die Tafel und schreiben dort eine Zahl an. Dann wird ein Zweiter gebeten, eine weitere dreistellige Zahl unter die erste zu schreiben. Zum Schluss schreibt man selbst noch eine dritte Zahl darunter.

Jetzt bittet man einen weiteren Mitschüler, diese drei Zahlen zu addieren. Wenn er oder sie das Ergebnis gefunden hat, dreht man die Tafel um, und siehe da, dort steht bereits das Ergebnis, das wir am Anfang aufgeschrieben haben. Also zeigen wir das an einem Beispiel

Beispiel 10.1 *Jemand habe die Zahl 345 an die Tafel geschrieben. Wir schreiben auf die Rückseite oder auf ein Blatt Papier, aber so, dass es niemand sehen kann, die Zahl 1344. Wieso, erklären wir später.*

Dann schreibe jemand 678 unter die erste Zahl. Wir ergänzen als dritte Zahl 321. Nun wird um die Summe gebeten:

$$
\begin{array}{r}
345 \\
678 \\
321 \\
\hline
1344
\end{array}
\tag{10.1}
$$

Es ist genau unsere vorhergesehene Summe. Als Erklärung bieten wir an, dass wir sehr willensstark seien und gerade die Person als zweite gebeten haben, über die wir willentlich verfügen können. Wir haben uns voll auf die gewünschte Zahl konzentriert und diese Person dazu bewegt, gerade diese Zahl hinzuschreiben. Welch ein Blödsinn, aber es wird manchmal geglaubt.

Sehr oft darf man dieses Kunststück nicht wiederholen, denn sonst sieht man den Trick sehr leicht. Wenn wir nämlich die zweite und unsere dritte Zahl betrachten, so fällt vielleicht beim ersten Mal noch nicht, aber spätestens beim dritten Mal auf, dass sich diese beiden Zahlen zu 999 ergänzen. Gerade so wählen wir unsere dritte Zahl. Wenn also jemand 528 schreibt, so ergänzen wir 471; wenn jemand 987 schreibt, so ergänzen wir 012, also besser 12. Immer also ergänzen wir die zweite Zahl zu 999. Das bedeutet, dass wir immer zur ersten Zahl 999 addieren. Das kann man leicht dadurch erreichen, dass man 1000 addiert und anschließend 1 subtrahiert. Addition von 1000 meint aber, dass wir vorne eine 1 hinzufügen, Subtraktion von 1 bedeutet, hinten eine 1 abzuziehen. So wurde aus der ersten Zahl 345 die Zahl $134(5-1) = 1344$. Diese Zahl haben wir also heimlich aufgeschrieben und die Rechnerei anschließend manipuliert. So einfach geht das.

Damit man das Kunststück nicht genau so wiederholen muss, kann man das Ganze natürlich sofort erweitern, indem wir nach den drei Zahlen noch eine vierte Zahl von einer anderen Person hinzufügen lassen und schnell eine 5. Zahl selbst hinzufügen, die wir wieder als Ergänzung zu 999 finden. Dann haben wir allerdings zweimal 999 hinzuaddiert. Das macht man, indem man $2000 - 2$ addiert, also vorne eine 2 davorschreibt und von der hintersten Zahl 2 subtrahiert.

Beispiel 10.2 *Jemand startet mit der Zahl 245. Wir schreiben heimlich die Zahl 2243 auf. Dann kommt die nächste Person mit 333, wir fügen 666 hinzu. Die dritte Person schreibt 123 auf und wir 876 darunter, also*

$$
\begin{array}{ll}
245 & \textit{erste Zahl} \\
333 & \textit{zweite Zahl} \\
666 & \textit{unsere Ergänzung} \\
123 & \textit{dritte Zahl} \\
876 & \textit{unsere Ergänzung} \\
\hline
2243 & \textit{die errechnete Summe}
\end{array}
\qquad (10.2)
$$

Wieder haben wir die Summe bereits nach der ersten Zahl „gewusst".

Aber Achtung, eine Kleinigkeit müssen wir noch ergänzen. Was ist, wenn beim ersten Dreierbeispiel (10.1) hinten eine 0 steht? Dann muss man von den letzten beiden Ziffern eine 1 subtrahieren, klar?

Falls bei unserem Fünferbeispiel (10.2) hinten eine 1 oder eine 0 steht, so muss man analog von den letzten beiden Ziffern eine 2 subtrahieren.

Als letzte Bemerkung sei angefügt, dass wir natürlich auch viel längere Zahlen addieren (lassen) können. Aber das Ergänzen zu 99999... fällt umso mehr auf, je länger die Zahlen sind. Daher sei davor ein bisschen gewarnt.

10.3   Telefonbuch auswendig lernen

Dies ist ein Beispiel, um zu zeigen, dass man als Mathematiker oder Mathematikerin sogar ganze Telefonbücher auswendig lernen kann.

Wir bitten also einen Freund, eine Freundin oder eben eine Klassenkameradin, eine beliebige dreistellige Zahl aufzuschreiben – in der Klasse natürlich an die Tafel. Dabei möchte bitte keine Ziffer doppelt vorkommen.

Dann schreibt man diese Zahl in der umgekehrten Reihenfolge neben die alte Zahl. Jetzt ist eine der beiden Zahlen größer als die andere. Wir subtrahieren die kleinere Zahl von der größeren. Diese letzte Zahl drehen wie wieder um und addieren die letzten beiden Zahlen. Dazu ein Beispiel.

Beispiel 10.3 *Jemand schreibt die Zahl 347 auf. Umgedreht lautet die Zahl 743. Diese zweite Zahl ist größer als die erste, wir subtrahieren also*

$$743 - 347 = 396.$$

Die Zahl 396 drehen wir wieder um und erhalten 693. Addition der beiden letzten Zahlen ergibt

$$396 + 693 = 1089$$

Nun kommt das Telefonbuch ins Spiel. Wir bitten jemanden, ein normales (mitgebrachtes) Telefonbuch in die Hand zu nehmen und sich voll zu konzentrieren. Dann möchte er bitte die ersten drei Ziffern der ausgerechneten Zahl 1089, also die Zahl 108, als Seitenzahl nehmen und im Telefonbuch diese Seite aufschlagen. Die letzte Ziffer der ausgerechneten Zahl, hier also die 9, wähle er dann als Nummer des Eintrags, von oben gezählt. Jetzt bitte noch mehr Konzentration. Wir legen die Stirn in Falten und nach einer anständigen Pause nennen wir den Namen im Telefonbuch.

Ha, das war schwer. Ach wo, es war ganz einfach. Egal nämlich, welche dreistellige Zahl jemand am Anfang wählt, es kommt am Schluss immer 1089 heraus. Also muss ich mich nur zu Hause hinsetzen und auf Seite 108 den 9. Eintrag lesen und lernen.

Selbstverständlich darf man dieses „Kunststück" nur ein einziges Mal vorführen. Aber dieses eine Mal ist es sicher ganz verblüffend.

Wir wollen es natürlich nicht dabei belassen, lediglich zu behaupten, dass immer dieselbe Zahl 1089 herauskommt. Wir wollen das beweisen.

Beweis: Wir beginnen mit einer beliebigen dreistelligen Zahl abc. Dabei wollen wir voraussetzen, dass a größer ist als c. So brauchen wir uns keine Gedanken zu machen, welche Zahl von welcher zu subtrahieren ist. Ist $c > a$, so denken wir uns eben die umgedrehte Zahl als Ausgangszahl gegeben. Das ist also keine Einschränkung.

In dieser Zahl sind a die Hunderter, b die Zehner und c die Einer. Wir können also unsere Zahl auch so schreiben:

$$abc = 100 \cdot a + 10 \cdot b + 1 \cdot c.$$

Diese Zahl drehen wir um, also

$$cba = 100 \cdot c + 10 \cdot b + 1 \cdot a.$$

Nun wollen wir cba von abc subtrahieren, das ergibt

$$
\begin{aligned}
abc - cba &= 100 \cdot a + 10 \cdot b + 1 \cdot c - (100 \cdot c + 10 \cdot b + 1 \cdot a) \\
&= 100 \cdot (a - c) + 10 \cdot b - 10 \cdot b + (c - a) \\
&= 100 \cdot (a - c) + (c - a)
\end{aligned}
$$

Diese Zahl müssen wir nun in Hunderter, Zehner und Einer umwandeln. Das ist nicht ganz leicht, weil $c - a$ nach unserer Voraussetzung negativ ist. Als Ziffern kommen aber nur nichtnegative Zahlen in Frage.

Wir machen einen Trick. Wir leihen uns einen Hunderter, schreiben also

$$100 \cdot (a - c) = 100 \cdot (a - c) - 100 + 100 = 100 \cdot (a - c - 1) + 100$$

Aus der 100 machen wir $10 \cdot 9 + 10$ und erhalten

$$100 \cdot (a - c) + (c - a) = 100 \cdot (a - c - 1) + 10 \cdot 9 + \underbrace{10 + (c - a)}.$$

Jetzt ist nämlich der unterklammerte Teil eine Zahl zwischen 0 und 9 und daher als Einer verwendbar. So haben wir insgesamt eine Darstellung in Hunderter, Zehner und Einer, die wir jetzt leicht umkehren können und zur ersten Zahl addieren können. Wir rechnen also

$$
\begin{aligned}
100 \cdot (a - c - 1) \quad &+ \quad 10 \cdot 9 + 10 + (c - a) \\
&+ \quad 100 \cdot [10 + (c - a)] + 10 \cdot 9 + (a - c - 1) \\
&= \quad 100 \cdot a - 100 \cdot c - 100 + 90 + 10 + c - a \\
&\quad + 1000 + 100 \cdot c - 100 \cdot a + 90 + a - c - 1 \\
&= \quad 1089
\end{aligned}
$$

Da kürzt sich ja am Schluss fast alles heraus. Immer und stets ergibt sich also bei dieser Rechnung die Zahl 1089. Sie können ja auch andere Bücher „auswendig lernen", indem Sie auf der Seite 108 die 9. Zeile von oben hersagen. Da ist Ihrer Phantasie keine Grenze gesetzt. Nur leider wiederholen kann man den Trick nicht.

10.4   2 = 1

Mit diesem Trick können wir unsere Altersgenossen aus der 8. Klasse verblüffen. Wir beginnen mit der dritten binomischen Formel:

$$(a + b) \cdot (a - b) = a^2 - b^2.$$

Wir fragen unsere Zuhörer ganz harmlos, ob wir bei diesem Gesetz irgendwelche Einschränkungen zu beachten haben. Vielleicht darf ja a nur positiv sein oder so. Aber sobald wir uns die Herkunft dieses Gesetzes ins Gedächtnis zurückrufen, wird klar, dass a und b beliebige Zahlen sein dürfen. Es ist ja reineweg eine einfache Ausmultipliziererei:

$$(a + b) \cdot (a - b) = a \cdot a - a \cdot b - a \cdot b - b \cdot b = a^2 - b^2$$

Die mittleren Terme heben sich gegenseitig auf.

Nun denn, wenn es keine Einschränkung an a oder b gibt, so können wir alles einsetzen, was uns einfällt. Wir können also auch $a = b$ einsetzen. Das heißt dann:

$$(a + a) \cdot (a - a) = a^2 - a^2$$

Den Term rechts können wir etwas anders schreiben als $a^2 - a^2 = a \cdot (a - a)$ und erhalten also

$$(a + a) \cdot (a - a) = a^2 - a^2 = a \cdot (a - a).$$

Hier erkennt unser Falkenauge blitzschnell, dass der Term $(a - a)$ links und rechts vorkommt, also kürzen wir ihn und erhalten

$$(a + a) \cdot (a - a) = a^2 - a^2 = a \cdot (a - a) \implies a + a = a$$

Setzen wir jetzt $a = 1$, so folgt

$$2 = 1.$$

Ha, was ist da passiert? So ein Unsinn, klar, aber wo steckt der Fehler?

Es sei Ihnen schnell verraten, wenn Sie es nicht schon selbst gesehen haben. Dieses „also kürzen wir ihn" bedeutet ja nichts anderes, als dass wir durch diesen gemeinsamen Faktor links und rechts teilen wollen. Aber

$$a - a = 0,$$

wir haben also an dieser Stelle durch Null geteilt. Das aber ist nicht erlaubt. Sonst wäre eben $2 = 1$ oder $4 = 2$ und so fort. Nein, wir wollen mit all unseren anderen Rechengesetzen nicht in Konflikt geraten. Also

Nulldividiererei ist verboten!

Das ist ein sehr beliebter Fehler, der in vielen mathematischen „Kunststücken" benutzt wird. Prüfen Sie also zuerst, ob der „Zauberer" vielleicht irgendwo heimlich dividiert hat und der Nenner eventuell null werden könnte. Das ist dann verboten.

10.5   5 = 4

Die 9. Klasse muss man bemühen, wenn wir die folgende Schwindelrechnung aufdecken wollen.

Es ist doch sofort zu sehen, dass gilt:

$$25 - 45 = 16 - 36.$$

Auf beiden Seiten erhalten wir -20.

Jetzt müssen wir Verwirrung stiften, um die Zuhörer abzulenken oder zu ermüden.

Wir erkennen, dass wir den Term links $25 - 45$ zu einem vollständigen Quadrat erweitern können. Es ist ja $25 = 5 \cdot 5$ und $45 = 2 \cdot 5 \cdot \frac{9}{2}$, wie man sofort sieht. Also für unsere 2. binomische Formel ist $b = \frac{9}{2}$ zu setzen. Wir ergänzen also links

$$\left(\frac{9}{2}\right)^2 = \frac{81}{4}.$$

Rechts machen wir das gleiche Spielchen. Es ist $16 = 4 \cdot 4$ und $36 = 2 \cdot 4 \cdot \frac{9}{2}$, wir ergänzen also, welch ein gutes Ergebnis, auch rechts

$$\left(\frac{9}{2}\right)^2 = \frac{81}{4}.$$

So bleibt die Gleichheit bestehen, und wir erhalten:

$$25 - 45 + \frac{81}{4} = 16 - 36 + \frac{81}{4}.$$

Das schreiben wir jetzt als Quadrate:

$$\left(5 - \frac{9}{2}\right)^2 = \left(4 - \frac{9}{2}\right)^2. \tag{10.3}$$

Hier ziehen wir auf beiden Seiten die Wurzel und erhalten sofort

$$5 - \frac{9}{2} = 4 - \frac{9}{2}. \tag{10.4}$$

Auf beiden Seiten addieren wir noch 9/2 und kommen zum Ergebnis:

$$5 = 4.$$

Auch das ist natürlich Unsinn. Hier liegt der Fehler ein klein wenig versteckter. Folgendes ist ganz sicher richtig:

$$a = b \implies a^2 = b^2.$$

Die Umkehrung dieser Aussage ist falsch. Denken Sie z. B. an

$$(-3)^2 = 3^2.$$

also 9 = 9. Aber daraus folgt doch keineswegs −3 = 3! Genau so haben wir oben aus der Gleichung (10.3) aber die Gleichung (10.4) hergeleitet. In (10.3) steht links

$$\left(5 - \frac{9}{2}\right)^2 = \left(\frac{1}{2}\right)^2$$

und rechts steht

$$\left(4 - \frac{9}{2}\right)^2 = \left(-\frac{1}{2}\right)^2.$$

Daraus haben wir auf

$$\frac{1}{2} = -\frac{1}{2}$$

geschlossen, was so nicht geht. Beim Wurzelziehen muss man also beachten, dass die Quadratwurzel stets zwei Lösungen zulässt. Es ist

$$\sqrt{4} = +2 \quad \text{oder} \quad \sqrt{4} = -2.$$

10.6   Es gibt keinen Wechselstrom!

Das ist schon ziemlich harter Tobak, den wir jetzt anbieten. Selbst ausgewiesene Funktionentheoretiker kommen hier ins Grübeln. Wir stellen folgende Überlegung an.

Wechselstrom I wird in der Technik als von der Zeit abhängiger Strom $I(t)$ angegeben und wegen der Periodizität als

$$I(t) = I_o \cdot e^{i \cdot \omega \cdot t}.$$

Dabei ist I_o die Spitzenstromstärke, also eine Konstante, i die komplexe Einheit, also der Vektor $(0, 1)$ in der Ebene. ω ist gekoppelt mit der Kreisfrequenz. Wir schreiben

$$\omega = 2 \cdot \pi \cdot \nu$$

mit der Wechselstromfrequenz $\nu = 50$ Hertz im deutschen Stromnetz. Damit erhalten wir

$$I(t) = I_o \cdot e^{i \cdot 2 \cdot \pi \cdot \nu \cdot t}.$$

Soweit geht also quasi die Definition des Wechselstromes.

Zur Vorbereitung auf unseren Trick brauchen wir eine Eigenschaft der Exponentialfunktion e^x im Komplexen. Eine berühmte Formel von Euler[1] und Moivre[2] sagt: Für jede rein imaginäre Zahl iy gilt:

$$e^{i \cdot y} = \cos y + i \cdot \sin y \tag{10.5}$$

Wählen wir hierin $y = 2 \cdot \pi$ und erinnern uns an die beiden trigonometrischen Funktionen cos und sin, so folgt:

$$
\begin{aligned}
e^{i \cdot 2 \cdot \pi} &= \cos(2 \cdot \pi) + i \cdot \sin(2 \cdot \pi) \\
&= 1 + i \cdot 0 \\
&= 1. \tag{10.6}
\end{aligned}
$$

Nun kommt unser Trick. Wir führen folgende Rechnung vor:

---

[1]Leonhard Euler (1707–1783)
[2]Abraham de Moivre (1667–1754)

$$I(t) \overset{(1)}{=} I_o \cdot e^{i \cdot 2 \cdot \pi \cdot \nu \cdot t}$$

$$\overset{(2)}{=} I_o \cdot e^{2 \cdot \pi \cdot i \cdot \nu \cdot t}$$

$$\overset{(3)}{=} I_o \cdot \left(e^{2 \cdot \pi \cdot i}\right)^{\nu \cdot t}$$

$$\overset{(4)}{=} I_o \cdot 1^{\nu \cdot t}$$

$$\overset{(5)}{=} I_o \cdot 1$$

$$\overset{(6)}{=} I_o$$

Der oben links von der Zeit t abhängige Strom $I(t)$ ist also gar nicht von der Zeit abhängig, sondern jederzeit konstant und zwar gleich der Spitzenstromstärke I_o. Da wechselt überhaupt nichts.

Das ist mehr als irritierend, man schaut verblüfft auf seine Nachttischlampe und sucht den Fehler.

Gehen wir die Gleichungskette oben noch einmal Stück für Stück durch.

- Das Gleichheitszeichen (1) ist lediglich die Definition des Wechselstromes $I(t)$.

- Beim Gleichheitszeichen (2) haben wir die Faktoren etwas umsortiert, also das Kommutativgesetz für komplexe Zahlen angewendet.

- Beim Gleichheitszeichen (3) haben wir ein Potenzgesetz ausgenutzt:

$$e^{a \cdot b} = (e^a)^b, \tag{10.7}$$

  das man ja aus der Schule kennt.

- Gleichheit (4) folgert man aus (10.6).

- Gleichheit (5) ergibt sich aus der Tatsache, dass $1^x = 1$ stets für alle reellen Zahlen x gilt. Sollten Sie hier bereits im Komplexen arbeiten wollen, so ergibt sich an dieser Stelle eine unendlich vieldeutige Funktion, die aber doch niemals gleich der einwertigen Funktion $I(t)$ sein kann. Der Widerspruch tritt bereits in dieser Zeile auf.

- Gleichheit (6) unterdrückt dann nur noch die Multiplikation mit 1.

Das sieht unheimlich logisch aus. Irgendwo muss aber der Fehlerteufel stecken. Gehen wir mal nach dem Ausschlussprinzip vor. Was ist denn ganz bestimmt richtig? (1) und (2) sind offensichtlich korrekt. (4) war die bekannte Formel, es wäre schlechter Stil, wenn ich Sie dabei bemogelt hätte. (5) kann man wirklich leicht einsehen oder man nimmt den Unsinn schon an dieser Stelle, (6) ist sowieso klar. Bleibt die ominöse Gleichheit (3), ein aus der Schule bekanntes Potenzgesetz.

Vorsicht mit solch lockeren Behauptungen wie: „Das kennt man ja aus der Schule." In der Schule haben wir dieses Gesetz tatsächlich in der 8. Klasse gelernt, aber nur für die damals bekannten Bruchzahlen. Sollte das vielleicht für unsere komplexen Zahlen nicht mehr gelten? Es ist der einzige Kandidat für unseren Verdacht, den wir schöpfen.

10.7 Es gibt keine Exponentialfunktion!

Wenn sich unser Gegenüber auf den Wechselstrom eingelassen und schon eine ganze Weile gebrütet hat, aber nicht zu einem Ergebnis gelangt ist, ja und langsam die Lust verliert, dann sollte man noch eins drauf setzen mit der Behauptung:

„Übrigens, mit demselben Trick wie beim Wechselstrom können wir auch zeigen, dass es gar keine Exponentialfunktion gibt!"

Denn, nehmen wir an, wir hätten die Funktion

$$f(x) = e^x = \exp\,(x)$$

irgendwie definiert. Dann zeigen wir:

$$
\begin{aligned}
e^x &= e^{x \cdot \frac{2 \cdot \pi \cdot i}{2 \cdot \pi \cdot i}} \\
&= e^{2 \cdot \pi \cdot i \cdot \frac{x}{2 \cdot \pi \cdot i}} \\
&= \left(e^{2 \cdot \pi \cdot i}\right)^{\frac{x}{2 \cdot \pi \cdot i}} \\
&= 1^{\frac{x}{2 \cdot \pi \cdot i}} \\
&= 1,
\end{aligned}
$$

was uns zu der Behauptung treibt, dass die Exponentialfunktion eine konstante Funktion mit dem Wert überall = 1 ist. Das wird unserem Gegenüber fast die Tränen in die Augen treiben. Wo ist bloß der Unsinn versteckt? Das kann doch nicht sein, die Welt würde auf den Kopf gestellt. Die Exponentialfunktion bestimmt das Wachstum und die Vermehrung und den radioaktiven Zerfall usw. Natürlich ist die nicht konstant!

Auch bei dieser letzten Gleichungskette steckt mitten drin das ominöse Potenzgesetz „aus der Schule". Sollte ich Sie damit hinters Licht geführt haben? Wart's nur ab, Mr Higgins! Wart's nur ab!

10.8   Potenzgesetz im Komplexen

Gilt unser Potenzgesetz (10.7) auch für komplexe Zahlen? Das Gesetz für Bruchzahlen lautet:

$$a^{b \cdot c} = \left(a^b\right)^c \qquad \text{für} \quad a > 0. \tag{10.8}$$

Schon für reelle Zahlen $a > 0$ und b müssen wir erst mal erklären, was denn a^b überhaupt bedeuten soll.

Definition 10.1 *Die Festlegung lautet:*

$$a^b := e^{b \cdot \log a} \qquad \text{für} \quad a > 0, \ b \in \mathbb{R}. \tag{10.9}$$

Genau so wollen wir das auch für komplexe Zahlen festlegen:

Definition 10.2 *Für komplexe Zahlen $a \neq 0$ und b sei*

$$a^b := e^{b \cdot \log a} \qquad \text{für} \quad a > 0, \ b \in \mathbb{R}, \tag{10.10}$$

wobei wir zu $\log a$ etwas hinzufügen müssen. Da die Exponentialfunktion im Komplexen periodisch ist – betrachten Sie nur einfach die Formel von Euler-Moivre (10.5) – ist der Logarithmus als Umkehrung furchtbar vieldeutig. Immer kann man noch locker ein Vielfaches von $2 \cdot \pi \cdot i$ hinzufügen. Da liegt des Problem.

Wir müssen jetzt nur sehr sorgfältig beide Seiten unseres vermuteten Potenzgesetzes (10.7) aufschreiben und getrennt bearbeiten. Es ist:

$$a^{b \cdot c} = e^{(b \cdot c) \cdot \log a}, \tag{10.11}$$

und andererseits

$$\left(a^b\right)^c = \left(e^{b\cdot\log a}\right)^c = e^{c\cdot\log\left(e^{b\cdot\log a}\right)} \qquad (10.12)$$

Beim letzten Gleichheitszeichen bitte ganz genau hinschauen, damit wir keinen Fehler machen. Denken Sie sich den Term $e^{b\cdot\log a}$ als y geschrieben, dann sieht man die rechte Seite ein.

Auf dieser rechten Seite steht nun im Exponenten der Logarithmus von einer e-Funktion. Wenn sich wie im Reellen diese beiden gegenseitig auffressen, hätten wir das Potenzgesetz bewiesen. Da aber der Logarithmus unendlich vieldeutig ist, scheitern wir an dieser Stelle. Für komplexe Zahlen haben wir leider:

$$\log(e^z) \neq z.$$

Dieses Potenzgesetz dürfen wir also bei komplexen Zahlen nicht anwenden.

Das war ganz schön hart und diente ja auch nur als Hilfe, um unseren Wechselstrom doch zu haben. Die Lampen leuchten ja auch, wäre ja noch schöner, wenn die Mathematik uns das vermiesen könnte.

10.9   Vedische Mathematik

Im Internet und in Büchern berichtet ein bekannter Physiker und Fernsehmoderator von einer gar wunderbaren Multiplikationsregel, die die Kinder in Indien lernen: die vedische Mathematik. Was hat es damit auf sich?

Beispiel 10.4 *Wir stellen zuerst mal das Beispiel vor, mit dem diese*

Methode in den Medien beworben wird: Wir berechnen 998. *Als Ergebnis mit einem Taschenrechner erhalten wir:*

$$998 \times 889 = 887222$$

Rechnet man es wie im Schulunterricht aus, so erhält man nach kleiner Rechnung:

$$
\begin{array}{r}
998 \times 889 \\
\hline
8982 \\
7984 \\
7984 \\
\hline
887222
\end{array}
$$

Das ist durchaus eine längere Prozedur. Man muss auch zwischendurch etwas verstehen vom Zehnersystem, damit man weiß, welche Zahlenreihe man untereinander schreibt. Hier eine Hilfe zu haben, wäre sicher ein Vorteil. Kann uns da eine Methode aus Indien helfen? Wie rechnet man das vedisch?

Wir nehmen wieder das Beispiel von oben:

$$998 \times 889 = 887222$$

Die vedische Methode verlangt jetzt: Wir schreiben die beiden Faktoren untereinander. In einer neuen Spalte rechts daneben schreiben wir die Differenz zur nächsten Zehnerpotenz, hier also zu 1000. Wegen $1000 - 998 = 2$ und $1000 - 889 = 111$ erhalten wir:

$$
\begin{array}{r|l}
998 & 2 \\
889 & 111
\end{array}
$$

Jetzt bilden wir die Differenz von 889 zur Zahl 2 in der rechten Spalte oben, also $889 - 2 = 887$. Diese Zahl schreiben wir unter die Linie links beginnend. Dann bilden wir das Produkt der kleinen Zahlen der rechten Spalte, also $2 \times 111 = 222$. Diese Zahl schreiben wir unter die Linie direkt neben die Differenz 887. Das sieht dann so aus:

$$
\begin{array}{r|r}
998 & 2 \\
889 & 111 \\
\hline
887 & 222
\end{array}
$$

In der unteren Zeile steht jetzt das Ergebnis von oben. Das sieht phantastisch aus. So eine einfache Rechnung. Lediglich eine simple Multiplikation mit sehr kleinen Zahlen – puppig hätte das meine Tochter genannt – und dann noch das bischen subtrahieren, schon steht das Ergebnis da.

Aber ein Beispiel reicht nicht, daher nehmen wir ein zweites.

Beispiel 10.5 *Wir berechnen mal, damit wir das Ergebnis leicht überprüfen können, die Multiplikation 800×700. Nun, $8 \times 7 = 56$, an das Ergebnis müssen wir noch vier Nullen anhängen und erhalten $800 \times 700 = 560\,000$.*

Probieren wir das mit der vedischen Methode:

$$
\begin{array}{r|r}
800 & 200 \\
700 & 300 \\
\hline
500 & 60000
\end{array}
$$

Ups, das sind $50\,060\,000$, also mehr als 50 Millionen. Was ist das?

Wir prüfen noch ein weiteres Beispiel.

Beispiel 10.6 *Wir berechnen mit dieser Methode $3 \times 2 = 6$.*

Mal sehen, was da rauskommt:

$$
\begin{array}{c|c}
3 & 7 \\
2 & 8 \\
\hline
-5 & 56
\end{array}
$$

Was machen wir jetzt mit diesem Ergebnis? Vorne steht -5? Das geht doch gar nicht, oder?

Beispiel 10.7 *Auch bei diesem Beispiel kommen wir, wenn wir es unbedarft anwenden, in Schwierigkeiten. Wir berechnen* 998×999.

Das zugehörige Schema lautet:

$$
\begin{array}{c|c}
998 & 2 \\
999 & 1 \\
\hline
997 & 2
\end{array}
$$

Also erhält man als Ergebnis 9972. Das ist aber viel zu klein, mein Taschenrechner sagt $997\,002$. Das hat Ähnlichkeit mit dem zu kleinen Ergebnis, aber ist eben nicht korrekt.

Zum Beweis

Irgendwie scheint die Methode zu klappen, aber das Hin und Her ist merkwürdig. Nun, als Mathematiker bin ich natürlich mit Beispielen nicht zufrieden, sondern frage nach einem allgemeingültigen Beweis. Versuchen wir es also. Wie wird die Methode angewendet? Wir wählen nur für diesen Weg zwei dreistellige Zahlen. Sie werden aber am Vorgehen erkennen, dass wir das Ganze leicht für vier- oder fünf- oder x-stellige Zahlen durchführen können. Es würde nur mehr Schreibarbeit erfordern, aber keine weitere Erkenntnis bringen. Diese Zahlen nennen wir jetzt a und b, berechnen also $a \times b$. Dann sieht das Schema so aus:

$$
\begin{array}{c|c}
a & 1000 - a \\
b & 1000 - b
\end{array}
$$

Links unten steht dann $b - (1000 - a)$. Rechts unten steht: $(1000 - a) \times (1000 - b)$. Also erhalten wir:

$$
\begin{array}{c|c}
a & 1000 - a \\
b & 1000 - b \\
\hline
b - (1000 - a) & (1000 - a) \times (1000 - b)
\end{array}
$$

Das müssen wir jetzt richtig interpretieren. Die Zahl rechts unten wird ja einfach an die Zahl links unten drangehängt. Die Zahl links sind also die Tausender des Gesamtergebnisses. Wir haben also folgende Rechnung durchgeführt:

$$
[b - (1000 - a)] \times 1000 + (1000 - a) \times (1000 - b)
$$

Hier lösen wir jetzt geschickt einige Klammern auf und rechnen:

$$
\begin{aligned}
1000 \times b \; &- \; (1000 - a) \times 1000 + (1000 - a) \times 1000 - (1000 - a) \times b \\
&= \; 1000 \times b - 1000 \times b + a \times b \\
&= \; a \times b
\end{aligned}
$$

Wow, das haut rein. Das Ergebnis stimmt also, die vedische Rechnung ist korrekt. Wir müssen nur unsere Beispiele richtig interpretieren.

Interpretation

Im Beispiel 10.5, 800×700, stand in der letzten Zeile links 60 000. Das sind also, wie wir ja auch sprechen, sechzigtausend. Links unten stehen 500, auch das sind Tausender. Wir müssen also die 500 zu den 60 addieren und erhalten, wie es sich gehört, 560 000. Also nicht blind hintereinander schreiben, sondern die Stellenwerte im Zehnersystem beachten. Dann wird es richtig.

Das Beispiel 10.6, 3×2, müssen wir analog betrachten. Rechts unten erscheint 56. Dabei ist die 5 der Zehner. Links erscheint -5, auch das ist ein Zehner. Fassen wir die beiden zusammen, so erhalten wir $-5 + 5 = 0$, und das Ergebnis lautet $3 \times 2 = 6$. So soll es sein.

Im Beispiel 10.7, 998×999, bedeutet die Zahl 997 links unten wieder 997 000, die Zahl 2 rechts sind die Einer. Also müssen wir hier entsprechend Nullen ergänzen und erhalten als Ergebnis sowohl mit dem Taschenrechner als auch mit der vedischen Methode $998 \times 999 = 997\,002$.

Also die Methode stimmt, aber man darf sie nicht unbedarft anwenden. Dabei sehen wir auch noch, dass diese Methode zur Berechnung von 3×2 die Multiplikation 7×8 erforderte. Das bringt also auch keinen Gewinn, denn das sind ja viel größere Zahlen als die ursprünglichen.

Unser Fazit

1. Das Verfahren ist prinzipiell korrekt, bei richtiger Anwendung ergibt es das richtige Ergebnis.

2. Nur bei Faktoren, deren Differenz zur nächsthöheren Zehnerpotenz klein ist und deren Produkt z.B. bei dreistelligen Zahlen auch dreistellig bleibt, führt das Verfahren zum leichten Ziel.

3. Wenn man Zahlen mit größeren Differenzen mit dieser Methode

miteinander multipliziert, muss man sehr genau auf den Stellenwert
achten. Sonst erhält man Unsinn.

4. Wenn man Zahlen mit größeren Differenzen mit dieser Methode
   miteinander multipliziert, erhält man keinerlei Vorteil, weil das Produkt der Zahlen der rechten Spalte schwieriger auszurechnen ist als
   das ursprüngliche Produkt.

Diese Methode kann man im Unterricht vielleicht mal in einer Vertre-
tungsstunde oder in der Stunde vor den Ferien erklären, aber eine echte
Alternative zur bisherigen Methode ist es nicht. Vor allem liegt ja der
Sinn des Erlernens des schriftlichen Rechnens nicht in der Rechnerei,
sondern die Schülerinnen und Schüler sollen hier etwas über das Stel-
lenwertsystem lernen. Das eigentliche Ausrechnen wird heutzutage viel
leichter vom Taschenrechner besorgt.

Bemerkung 10.1 *Erlauben Sie mir noch einige Hinweise: Sie haben
hier ein typisch mathematisches Vorgehen erlebt. Zunächst gibt es eine Idee, eine Vermutung, ein Verfahren. Dann bilden wir Beispiele, um
vielleicht etwas Klarheit zu bekommen. Dann wird nach einem Beweis gesucht. Und dann darf man auch nicht vergessen, mögliche Einschränkungen zu sehen, zu analysieren und an Beispielen zu überprüfen. So arbeiten
Mathematiker.*

10.10   Meine Lieblingsziffer

Zum Schluss ein kleiner Spaß, den man gerne am Biertisch vorführen
kann. Bitten Sie jemanden, die Zahl 12345679, also die Zahlen von 1 bis
9 ohne die 8, auf ein Blatt Papier oder für Rechenfaule gleich in einen
Taschenrechner einzutippen. Dann fragen Sie locker in die Runde, ob
jemand eine Lieblingsziffer zwischen 1 und 9 hat. Sagt jetzt jemand, er

liebe die 3, so bitten Sie den Taschenrechnerhalter, die eingetippte Zahl mit 27 zu multiplizieren. Als Ergebnis steht dann im Display: 333 333 333. Verblüffend, oder?

Die Erklärung ist ziemlich einfach, wenn wir die Zahl 12345679 mit 9 multiplizieren:

$$12345679 \times 9 = 111\,111\,111$$

Aha, wenn wir diese Zahl 111 111 111 jetzt mit 3 multiplizieren, so ergibt sich 333 333 333, klaro. Wir verschleiern also nur etwas, indem wir die Multiplikation mit 9 in die Rechnung mit einbeziehen: Bei Lieblingszahl 3 multipliziere man mit $3 \times 9 = 27$, wie oben gezeigt. Bei Lieblingsziffer 7 multipliziere man mit $7 \times 9 = 63$.

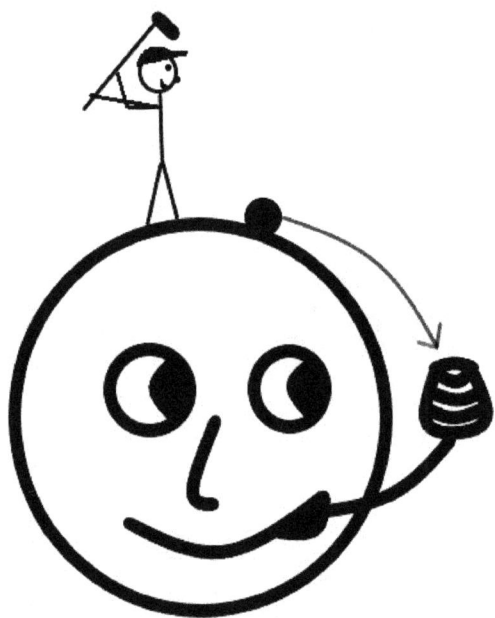

Kapitel 11

Kann man auf dem Mond Golf spielen?

11.1 Einleitung

Wenn nach langen Jahren harter Arbeit der Ruhestand naht, gibt es sicherlich neben vielen Annehmlichkeiten – man kann morgens endlich in Ruhe die Zeitung lesen – auch kleinere Probleme. Was macht man in der freien Zeit?

Als kleine Rätselaufgabe taugt das Wort „Rentner". Von hinten gelesen bringt es wieder „Rentner". Sicherlich eine interessante Beschäftigung, weitere solche Palindrome zu suchen, wie zum Beispiel:

Ein Golf flog nie!

Und schon haben wir uns dem Hauptziel dieses Kapitels genähert. Golfspielen erhält wegen der frischen Luft im Überfluss die Gesundheit und regt den Kreislauf an. Aber es möchte schon etwas ausgefallen sein.

Was halten Sie vom Golfspielen auf dem Mond? Das hört sich weltfremd
oder besser erdfremd an. Aber inzwischen war doch schon ein Rentner in
der Erdumlaufbahn. War zwar noch teuer, aber das kann sich ja ändern.
Man kann sich schon ein Grundstück auf dem Mond kaufen, ja das Rei-
sebüro Thomas Cook offeriert eine Warteliste für Passagiere zum Mond.

Also auf zum Mond. Ein kleines Problem ist dabei, dass ein Mondtag
genau 14 Erdtage, 18 Stunden, 22 Minuten und 2 Sekunden dauert, alles
in Erdzeit gemessen. Das hört sich nach Langeweile an. 14 Tage arbeiten für noch nicht einmal Euro, der als Zahlungsmittel auf dem Mond
erst eingeführt werden müssen. Was wäre also eine mondtagesfüllende
Beschäftigung? Nichts liegt näher als Golfspielen. Denn die Wissenschaft
verrät uns, dass die Anziehungskraft des Mondes nur etwa ein Sechstel
der Erdanziehung beträgt. Sämtliche Fragen nach Übergewicht lösen sich
in Nichts auf. Wer auf Mutter Erde ein Gewicht, das von 120 kg verur-
sacht wird, mit sich herumschleppt, schafft es auf dem Mond gerade mal
auf ein Gewicht, das von schlappen 20 kg erzeugt wird.

Noch schöner ist die Aussicht für ein Oktoberfest auf dem Mond. So
ein Bierkrug könnte dort lässig 5 Liter Inhalt haben und wäre leicht zu
stemmen. Mei, wenn das nicht lockt.

Aber das Hauptproblem mit der Beschäftigung muss noch gelöst werden:

Das Mond-Golf-Problem
Welche besonderen Probleme ergeben sich
beim Golfspiel auf dem Mond?

11.2   Wer fängt an?

Vielleicht haben Golfspieler auf der Erde eine andere Tradition, aber man könnte sich an das gute, alte Münzwerfen erinnern. Beim Fußball wird so die eigene Spielhälfte gewählt. Auf dem Mond entsteht ein Problem. Durch die geringere Anziehungskraft des Erdtrabanten fallen Münzen auch entsprechend langsamer. Man wäre leicht in der Lage, den Fall der Münze zu verfolgen und jede Drehung zu registrieren. Daher wüsste man im Moment des Aufpralles auf dem Mondboden, was die Stunde geschlagen, nein, was die Münze zu zeigen hat. Man muss also dringend *vor Beginn des Wurfes* klären, wer sich für welche Münzseite entscheidet.

11.3   Wie weit fliegt der Ball?

Zum Glück für das Golfspiel und die Mathematik, aber durchaus zum Nachteil des Golfspielers, gibt es auf dem Mond keine Atmosphäre. Alle Effekte wegen der Reibung usw. fallen weg. Es bleibt ein einfacher schiefer Wurf zu berechnen.

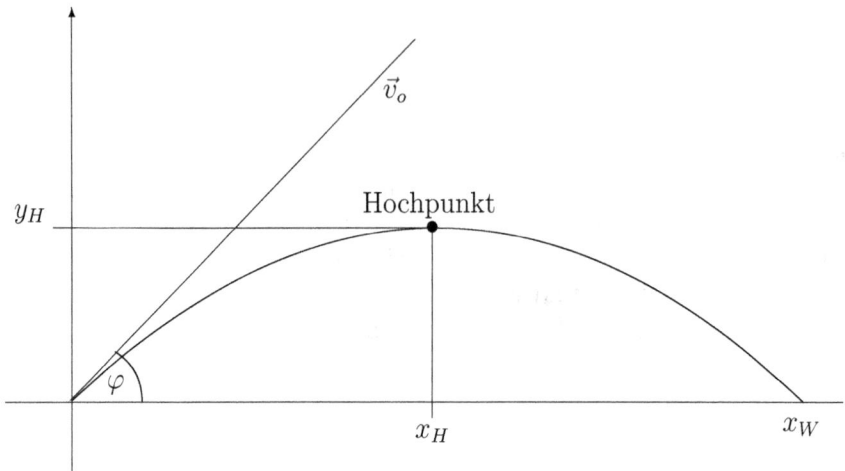

Abbildung 11.1: Skizze zum schiefen Wurf

Wir führen folgende Bezeichnungen ein:

1. $\vec{v}_o = (v_x, v_y)$ Anfangsgeschwindigkeit,

2. φ Abwurfwinkel,

3. x_W Wurfweite,

4. t_W Zeit bis zum Wurfende.

Was auch immer man wirft, es führt gleichzeitig drei Bewegungen unabhängig von einander aus:

1. eine geradlinig-gleichförmige Bewegung in x-Richtung mit der Geschwindigkeit
$$v_x = v_o \cdot \cos \varphi,$$

2. eine geradlinig-gleichförmige Bewegung in positiver y-Richtung, also nach oben, mit der Geschwindigkeit

$$v_{y_1} = v_o \cdot \sin \varphi,$$

3. einen freien Fall in negativer y-Richtung, also senkrecht nach unten, wobei die Fallgesetze gelten (g die Schwerebeschleunigung, hier also die Mondbeschleunigung, s der zurückgelegte Weg):

$$v_{x_2} = -g \cdot t \quad \text{und} \quad s = -\frac{g}{2} \cdot t^2.$$

Da bei einer gleichförmigen Bewegung

$$\text{Weg} = \text{Geschwindigkeit} \times \text{Zeit}$$

ist, erhalten wir das Weg-Zeit-Gesetz

$$x = v_x \cdot t = v_o \cdot t \cdot \cos \varphi, \qquad y = v_o \cdot t \cdot \sin \varphi - \frac{g}{2} t^2.$$

Um die Wurfweite x_W zu berechnen, bestimmen wir zuerst die Wurfzeit bis zum Auftreffen auf dem Boden, indem wir im Weg-Zeit-Gesetz $y = 0$ setzen:

$$t_W = \frac{2 \cdot v_o \cdot \sin \varphi}{g}.$$

Das setzen wir in die x-Koordinate des Weg-Zeit-Gesetzes ein:

$$x_W = \frac{2 \cdot v_o^2 \cdot \sin \varphi \cdot \cos \varphi}{g}.$$

Eine kurze Erinnerung an das Additionstheorem führt uns auf die Gleichung

$$2 \cdot \sin \varphi \cdot \cos \varphi = \sin(2 \cdot \varphi),$$

und damit erhalten wir

$$x_W = \frac{v_o \cdot \sin(2 \cdot \varphi)}{g}.$$

Da die Sinus-Funktion ihren größten Wert für 90° annimmt, ist also die maximale Wurfweite für

$$2 \cdot \varphi = 90°, \quad \text{also} \quad \varphi = 45°$$

erreichbar. Sie beträgt dann

$$x_{Wmax} = \frac{v_o^2}{g}.$$

Man muss also unter 45° abwerfen; dann hängt die Wurfweite nur noch von der Anfangsgeschwindigkeit v_o und von der Schwerebeschleunigung g ab. Da die Schwerebeschleunigung auf dem Mond nur ungefähr ein Sechstel der Erdbeschleunigung ist, kann man also auf dem Mond einen Golfball glatt sechsmal so weit schlagen.

Damit sind alle Größen bekannt und einem erfolgreichen Einputten steht nichts mehr im Wege, wenn da nicht noch ein paar Kleinigkeiten wären.

11.4   Raue oder glatte Bälle?

Ein wichtiges Detail geht dem Golfspiel auf dem Mond verloren. Viele haben sich sicher schon gefragt, warum die Golfbälle nicht glatt wie ein Kinderpopo sind, sondern eine richtig raue Oberfläche haben. Geradezu mit Kunst sind da Dellen hineingearbeitet. Was soll das?

Nun, in den Annalen des Golfspiels steht, dass man tatsächlich früher glatte Bälle benutzt hat. Bis jemand darauf kam, dass seine alten runzeligen Bälle weiter flogen als die neuen glatten. Daraufhin machten die Golfspieler absichtlich kleine Dellen in die Bälle, bis die Industrie ihnen die Arbeit abnahm. Bei einer Schlagstärke, die einen glatten Ball 50 Meter weit befördert, fliegt ein rauer Ball glatte 200 Meter.

Warum nun fliegen die Runzeldinger weiter? Man möchte doch meinen, dass der Luftwiderstand größer ist und die Kerle abbremst.

Die Flugweite wird durch zwei Faktoren bestimmt: einmal durch die Reibung zwischen Luft und Oberfläche und zweitens durch die Druckdifferenz zwischen Vorder- und Rückseite des Balles. Die Reibung wird in der Tat etwas größer. Dieser Effekt wird aber mehr als aufgewogen durch die geringere Druckdifferenz, die infolge der Rauheit entsteht.

Bei einem glatten Ball löst sich die Luftschicht schnell von der Oberfläche und beeinflußt die hintere Fläche kaum. Dadurch entsteht an der hinteren Seite ein Luftvakuum, was zu einer großen Druckdifferenz zur Vorderseite führt. Außerdem entstehen Wirbel, die ebenfalls die Vorwärtsbewegung hemmen.

Bei einem gedellten Ball bleibt die Luft länger am Ball kleben und trennt sich nicht leicht. Dadurch wird der Luftdruck hinten nicht so stark verringert, die Differenz nach vorne ist geringer. Außerdem entstehen weniger Wirbel. All das führt zu dem oben beschriebenen Effekt, dass der Runzlige weiter fliegt.

Nun kommt aber die Quintessenz: Auf dem Mond gibt es keine Atmosphäre! Unsere obigen Überlegungen greifen daher nicht, und so fliegen auf dem Mond die glatten genau so weit oder kurz wie die rauen.

Das bedeutet, man kann die Bälle wegen der geringeren Schwerebeschleunigung zwar sechsmal weiter befördern als auf der Erde; aber der Zusatzeffekt wegen der Luftreibung bleibt aus. Ein Schlag, der einen glatten Ball auf der Erde 50 Meter weit, einen rauen also 200 Meter weit treibt, bringt den glatten oder rauen Ball auf dem Mond 300 Meter weit. Die Golfplätze müssen also schon auf dem Mond etwas zulegen, aber doch nicht gar so groß werden, wie ein Fußballfeld anwachsen müsste.

11.5 Fluchtgeschwindigkeit

Bleibt noch zum guten Schluss die wichtige Frage:

> Ist es möglich, auf dem Mond einen Golfball auf die Mondumlaufbahn zu befördern?

Falls das ginge, müsste man sich hüten, solche Schläge auszuführen; denn erstens gingen dann diese kleinen Biester verloren. Welch ein Verlust, denn welchen Sammlerwert hätte wohl ein auf dem Mond geputteter Golfball auf der Erde? Und zweitens könnte das die Rückkehr zur Mutter Erde beeinträchtigen, wenn da zig Golfbälle den Mond umkreisen.

Also ist das eine wesentliche Frage für unseren Mondtrip.

Wieder hilft zuerst die Physik und dann die Mathematik. Die Physik sagt uns, dass für die Fluchtgeschwindigkeit die Formel gilt:

$$v_0 = \sqrt{2 \cdot g_{\text{Mond}} \cdot R}$$

Dabei ist g_{Mond} die Mondbeschleunigung

$$g_{\text{Mond}} = 1.62 \, \frac{\text{m}}{\text{sec}^2}$$

und R der Mondradius, der im Mittel

$$1.74 \cdot 10^6 \; \text{m}$$

beträgt. Eingesetzt erhält man damit als Fluchtgeschwindigkeit

$$v_0 = \sqrt{2 \cdot g \cdot R} = \sqrt{2 \cdot 1.62 \cdot 1.74 \cot 10^6} = 2374 \, \frac{\text{m}}{\text{sec}}.$$

Das ist eine ganze Ecke, welcher Golfer hat schon so einen Wumm? Also das wird man nicht schaffen, welch eine Beruhigung für unsere unbeschwerte Rückkehr.

Übrigens sollte man sich ebenfalls hüten, so schnell auf dem Mond zu laufen; denn dann fliegt man in eine Umlaufbahn, und es dauert ziemlich lange, bis man wieder auf dem Mond aufknallt.

11.6 Shepard spielt Golf auf dem Mond

Diese Geschichte muss hier natürlich erzählt werden, wenn wir schon über das Golfspielen auf dem Mond fabulieren. Die Vereinigten Staaten brachten ja am 21. Juli 1969 die ersten Astronauten auf den Mond. Neil Armstrong war der erste Mensch dort, Michael Collins folgte als zweiter, während Buzz Aldrin um den Mond kreiste, um die Rückkehrer wieder aufzunehmen.

Am 6. Februar 1971 landete dann Apollo 14 auf dem Mond. An Bord waren Stuart Roosa, Edgar Mitchell und Alan Shepard, der als fünfter

Astronaut den Mond betrat. Er hatte heimlich, still und leise einen Golfschläger, ein Sechser-Eisen für Experten, mit an Bord genommen. Das muss sehr konspirativ abgelaufen sein, denn er hat den Schläger mit einem geologischen Instrument verbunden und das eiserne Ende mit einem Strumpf überzogen, und das haben die Türsteher an der Kapsel nicht bemerkt. Auf dem Mond angekommen, hat er dann, nachdem alle geplanten Aufgaben erledigt waren, seinen Golfschläger ausgepackt. Er hatte sogar zwei Golfbälle dabei. Zwar hatte ihm die Bodenstation strikt verboten, dieses Spiel zu spielen. Aber er scherte sich nicht darum. Im Internet kursiert sogar ein Video, das zeigt, wie Alan Shepard erst beim vierten Schlag den Ball richtig trifft. Er musste einhändig schlagen, weil sein Raumanzug zu unflexibel war. Der Ball fliegt dann ungefähr 40 Meter weit.

Also ist bewiesen, dass man auf dem Mond Golf spielen kann. Alan Shepards Name wird sicher in die Annalen des Golfsports eingehen.

11.7   Schlusspointe

Da spielt ein Golfer mit seiner jungen hübschen Frau Golf, aber wie es so geht, der Ball landet außerhalb des Feldes und durchschlägt die Scheibe eines Nachbarhauses. Beide gehen bedröppelt dorthin. Schließlich muss der Ball ja zurück. Dort im Haus sitzt ein Mann mitten in einem Haufen von Splittern. Auf Nachfrage erzählt er, dass er als Flaschengeist sein Leben lang in dieser zerschlagenen Flasche gesessen hat und nun durch den Golfball endlich befreit wurde. Zum Dank gewährt er den Golfern einen Wunsch, macht aber zur Bedingung, dass er auch einen Wunsch frei haben möchte. Die beiden denken nicht lange nach, akzeptieren das und bitten um eine Million Euro jedes Jahr steuerfrei auf ihr Konto. Das gewährt der Flaschengeist, bittet jetzt aber um ein Schäferstündchen mit der jungen Frau, da er sein Leben lang noch nie und so. Nun ja, für so viel Geld willigt der Mann ein und geht Golf spielen, während es seine Frau mit dem Fremden treibt. Anschließend fragt dieser die Frau, wie alt ihr Gatte sei. Da sagt sie: „Oh, der geht jetzt in Rente.", woraufhin der Mann sagt:

Und da glaubt er noch an einen Flaschengeist?

Kapitel 12

Wieso wird meine reisende Zwillingsschwester jünger?

12.1 Einleitung

Da sage noch einer, Albert Einsteins[1] Relativitätstheorie sei reineweg abstrakter Kram und zu nichts zu gebrauchen. Völlig falsch, eine reine Frischzellenkur bietet er an. Wie wird z.B. meine Zwillingsschwester jünger als ich? Indem sie einfach Autogrammkarten druckt, auf denen ihr Alter zwei Jahre weniger beträgt. Nein, das geht natürlich nicht. Albertchen kann das aber, und es hört sich apokryph an – und wir sind ehrlich, es ist auch reichlich apokryph. Wie kommt man bloß auf solche Ideen? Hier kommt die Geschichte.

Da gibt es vielleicht einmal Zwillinge, die mit Raumschiffen durchs Weltall kreuzen. Und dabei passiert etwas Verblüffendes, sie geraten nämlich in Konflikt mit der Relativitätstheorie von Herrn Einstein. Wie das?

---

[1]Albert Einstein (1879–1955)

12.2   Einsteins Relativitätsprinzipien

Das war schon ein verrückter Gedanke, der Albert Einstein vermutlich in
seiner Butze im Schweizer Patentamt da einfiel. Jahrzehntelang hatten
sich die Physiker der Welt geplagt mit der Entdeckung des sogenannten
Weltäthers, um endlich zu verstehen, wie ein Lichtstrahl durch den luftleeren Raum den Weg von einer fernen, wirklich sehr fernen Galaxie zu
uns findet. Man wusste doch und konnte das nachprüfen, dass ein Ton
zur Ausbreitung die Luft braucht. Stellen Sie einen Wecker unter eine
Glasglocke, lassen sie ihn arbeiten, also klingeln, und pumpen Sie schnell
die Luft aus der Glasglocke. Schon schnauft und rattert er immer lei-
ser und ist schließlich ganz still, obwohl Sie sehen können, wie er noch
wackelt und klingelt. Aber keiner kann's mehr hören. Das wäre doch eine
Einrichtung für den frühen Morgen. Und eine solch intelligente Ausrede
würde vielleicht auch Ihr Physiklehrer akzeptieren: „Mein Wecker stand
im luftleeren Raum, da habe ich ihn nicht gehört."

Man vermutete also, dass auch das Licht ein Medium zur Ausbreitung
brauchte, den Äther. Aber die Physiker wären nicht Physiker, wenn sie
das einfach so hinnähmen. Sie ersannen ganz hintersinnige Versuche, den
Äther nachzuweisen. Michelson[2] erhielt für seine Ideen sogar den Nobel-
preis. Anfangs bastelte man am Äther immer weiter herum und schrieb
ihm fast wunderliche Eigenschaften zu, damit die Versuche erklärbar waren.

Bis eben Albert Einstein dem Gesuche ein Ende machte und erklärte:

Es gibt gar keinen Äther!

---

[2]Albert Abraham Michelson (1852–1931)

Wuff, das haute rein. Man sieht ihn richtig seine Zunge rausstrecken und „Ätsch!" dazu verkünden. Aber da taten sich andere Probleme auf.

Die Suche nach dem Äther hieß ja zugleich die Suche nach dem absoluten Raum. Wenn es den Äther nun nicht gibt, dann gibt es auch keinen absolut bevorzugten festen, alles erklärenden Raum. Folgerichtig kam Herr Einstein mit seinem ersten Relativitätsprinzip:

Erstes Relativitätsprinzip

Die Naturgesetze sind in jedem System, das ruht oder sich gleichförmig bewegt, identisch. Alle diese Systeme sind also physikalisch gleichwertig. Wir nennen sie Inertialsysteme.

Stellen Sie sich vor, Sie sitzen in einem Eisenbahnzug, der über eine lange Strecke mit konstanter Geschwindigkeit fährt und dabei auch keine Kurve macht. Dann können Sie im Innern ein Tischtennisturnier veranstalten genau wie zu Hause auf dem Rasen oder im Keller, und der Ball fliegt die gleichen Kurven. Man muss also kein Zugfahrttischtennisexperte sein, um zu gewinnen.

Das hat nun aber eine ganz verrückte Konsequenz. Wenn alle Systeme gleichwertig sind, so muss sich auch das Licht in allen Systemen gleichschnell ausbreiten.

Also verkündete Albert Einstein sein zweites Relativitätsprinzip:

Zweites Relativitätsprinzip

Die Lichtgeschwindigkeit im Vakuum ist immer und überall gleich. Sie ist eine Naturkonstante mit dem Wert

$$c = 299\,792, 458 \text{ km/sec}^3.$$

Das haute noch mehr rein. Zwar stimmte es wunderbar mit dem Experiment von Michelson und Morley[4] überein, die das mit ihrem raffinierten Interferenzversuch entdeckt hatten, jedoch keine Erklärung dafür geben konnten. Aber jetzt kamen noch abenteuerlichere Entdeckungen.

Stellen Sie sich vor, sie düsen mit Ihrem Fahrrad durch die Gegend, also bitte, lassen Sie uns ein wenig spinnen. Sie haben so etwa halbe Lichtgeschwindigkeit drauf. Und da wird es plötzlich dunkel, was bei dem Speed nicht ungewöhnlich ist, und Sie schalten das Licht an. Jetzt breitet sich also das Licht vor Ihnen aus. Aber bitte, mit welcher Geschwindigkeit? Jeder vernünftige Mensch würde eine anderthalbfache Lichtgeschwindigkeit erwarten. Aber so ist es jetzt nicht. „Schneller als Licht geht nicht!", sagt Einstein. Ich höre Sie aufstöhnen: „Das ist doch unmöglich, wie soll das sein?" Klar, fällt man da ins Chaos. Aber warten Sie's ab, Einstein wird's schon richten.

Der Junge war ja nicht dumm und hat genau diese Konsequenz im Auge gehabt.

---

[3]1983 wurde genau dieser Wert für die Lichtgeschwindigkeit als Definition eingeführt. Das Meter ist daraufhin also eine abgeleitete Größe und kann aus dieser Definition berechnet werden.

[4]Edmund Williams Morley (1838–1923)

12.3   Zeitdilatation

Einsteins Folgerung war und ist auch heute immer noch vollkommen
überraschend. Ja, die lebenslange Erfahrung, die jeder selbst gemacht
hat, spricht eine völlig andere Sprache. Das kann doch nicht sein, was er
sich da ausgedacht hat.

Einstein folgert nämlich: Wenn die Lichtgeschwindigkeit nicht übertrof-
fen werden kann, auch nicht durch einen Lichtblitz, der von einem Raumschiff, das mit halber Lichtgeschwindigkeit dahinjagt, ausgesendet wird,
so kann das nur erklärt werden, wenn

die Zeit sich für das rasende Raumschiff verlangsamt.

Die Zeit soll sich verlangsamen??? Zeit ist doch absolut.

Für unsere alltägliche Erfahrung ist das korrekt. Aber niemand von uns
ist bisher mit halber Lichtgeschwindigkeit gereist. Wer weiß, was sich
dabei abspielt?

Einsteins Folgerung war voll konsequent. Nur so konnte er die Sache
mit dem Lichtblitz erklären. Er hat sogar ausgerechnet, wie sich die Zeit
verlangsamt. Wir geben hier jetzt nur die Formel an. Im Abschnitt 12.5
werden wir sie dann herleiten; aber das muss ja nicht jeder in Einzelheiten
nachprüfen. Es ist für die unverbesserlichen Mathefreaks.

Satz 12.1 (Zeitdilatation) *Eine mit der Geschwindigkeit v bewegte
Uhr geht langsamer. Zeigt also eine bewegte Uhr die Zeit t' an und bezeichnen wir die Zeit in dem System, von dem aus wir die bewegte Uhr
beobachten, mit t, so gilt*

$$t' = t \cdot \sqrt{1 - v^2/c^2}, \qquad c \ \textit{Lichtgeschwindigkeit} \qquad (12.1)$$

i

Das hört sich wirklich völlig unglaubwürdig an, ist aber inzwischen durch
zahlreiche Experimente derart sicher bestätigt, dass nicht mehr daran zu
zweifeln ist.

12.4 Lorentz-Kontraktion

Inzwischen sind wir ja an ungeheuerliche Ideen von Einstein gewöhnt.
Aber jetzt kommt noch so eine Überraschung, die wiederum von unaufge-
klärten Zeitgenossen als Unsinn abgetan wird, aber ebenfalls durch
Experimente voll bestätigt worden ist.

Satz 12.2 (Lorentz-Kontraktion) *Die Länge ℓ' eines bewegten Körpers wird in seiner Bewegungsrichtung kleiner gemessen als die Eigenlänge
ℓ im Ruhesystem:*

$$\ell' = \ell \cdot \sqrt{1 - v^2/c^2}, \qquad c \; Lichtgeschwindigkeit \qquad (12.2)$$

Gegenstände, die sehr schnell bewegt werden, werden also in ihrer Bewegungsrichtung verkürzt. Das hatte bereits Lorentz[5] 1895 entdeckt und
verzweifelt versucht, den Äther dafür haftbar zu machen. Einstein er-
kannte erst die wahre Natur.

Denken Sie bei all diesen kurios anmutenden Aussagen daran, dass sie erst
bei sehr hohen Geschwindigkeiten relevant werden, Geschwindigkeiten,
an die wir Menschen heutzutage nicht im Traum denken können. Halbe
Lichtgeschwindigkeit bedeutet, dass man mehr als dreimal um die Erde
jagen muss in einer einzigen Sekunde. Daher haben wir diese ganzen

---

[5]Hendrik Antoon Lorentz (1853–1928)

Unglaubwürdigkeiten bisher nicht entdecken können, weil sie einfach in unserer Erfahrungswelt nicht auftreten.

An den Formeln sehen Sie ja: Wenn v sehr viel kleiner als die Lichtgeschwindigkeit ist, also der Normalfall, so ist natürlich $(v/c)^2$ noch viel kleiner und kann gegen die 1 unter der Wurzel von (12.1) vernachlässigt werden. Dann aber ist $t = t'$. Mit demselben Argument ist dann auch die Lorentz-Kontraktion unmerklich.

12.5 Mathematische Herleitung

Wir betrachten zwei Systeme, die sich gegeneinander mit einer Geschwindigkeit v bewegen.

Im ersten System I nennen wir die Koordinaten x, y, z, t, und im zweiten System II nennen wir sie x', y', z', t'.

Wegen

$$\text{Geschwindigkeit} = \text{Weg durch Zeit,}$$

also

$$\text{Weg} = \text{Geschwindigkeit mal Zeit,}$$

befindet sich ein Objekt im System II bei der Koordinate

$$x' = x - v \cdot t,$$

beziehungsweise, wenn wir es umgekehrt im System I betrachten und
dann natürlich die rückwärtsgewandte Geschwindigkeit nehmen, bei der
Koordinate

$$x = x' + v \cdot t'.$$

Dieses sind die Galilei-Transformationen. Daraus folgte dann natürlich,
dass sich beliebig hohe Geschwindigkeiten erzeugen lassen müssten. Der
Ursprung des Systems II hat wegen $x' = 0$ im System I die Geschwindigkeit

$$v = x/t.$$

Betrachten Sie einfach immer kürzere Zeiten für den gleichen Weg, so
geht $v \to \infty$, was Michelson/Morley eklatant widerspricht.

Wir müssen also einen Korrekturfaktor k anbringen, den wir Einstein
folgend so einbauen:

$$x' = k(x - v \cdot t), \qquad x = k(x' + v \cdot t') \tag{12.3}$$

Das muss ein raffinierter Faktor sein. Er muss natürlich von der Geschwindigkeit abhängen und sollte für kleine Geschwindigkeiten gegen 1
streben, damit wir dann zu Galilei zurückkehren. Das Alte hat sich ja
bei kleinen Geschwindigkeiten über Jahrhunderte seit Newton bewährt.

Nun betrachten wir so ein rasant schnelles Lichtteilchen, also ein Photon.
Es fliegt zur Zeit $t = 0$ im System I los und hat also zur Zeit t in x-
Richtung den Weg

$$x = c \cdot t$$

zurückgelegt.

Jetzt kommt's, die Sache mit der Lichtgeschwindigkeit. Das Photon werde im System II ebenfalls zur Zeit $t' = 0$ losgeschickt. Es legt dann nach der Zeit t' den Weg

$$x' = c \cdot t',$$

ja, richtig erkannt, mit derselben Geschwindigkeit c zurück, egal wie schnell sich System II gegen System I bewegt, wie groß also v ist. Das ist die von Einstein postulierte Konstanz der Lichtgeschwindigkeit.

Das benutzen wir in unserem Ansatz (12.3) und erhalten

$$c \cdot t' = k(c \cdot t - v \cdot t), \qquad c \cdot t = k(c \cdot t' + v \cdot t')$$

Jetzt ein bisschen Rechnerei. Die letzten beiden Gleichungen multiplizieren wir miteinander:

$$c^2 \cdot t \cdot t' = k^2(c - v)(c + v) \cdot t \cdot t' = c^2 \cdot t \cdot t' \cdot k^2 \left(1 - \frac{v^2}{c^2}\right)$$

Diese Gleichung möchte jetzt aber bitteschön für alle Zeiten t und t' erfüllt sein, und das geht nur, wenn gilt

$$k^2 \left(1 - \frac{v^2}{c^2}\right) = 1,$$

woraus wir sofort den Korrekturfaktor ablesen:

$$k = \frac{1}{\sqrt{1 - \frac{v^2}{c^2}}}.$$

Da wäre rein mathematisch auch ein negatives Vorzeichen möglich, aber
physikalisch ist das kein sinnvoller Term.

Wir brauchen auch die Transformation der Zeit. Da müssen wir noch
etwas mehr rechnen.

Aus $x = k(x' + vt')$ folgern wir

$$t' = \frac{1}{v}\left(\frac{x}{k} - x'\right).$$

Hier setzen wir die erste Transformation $x' = k(x - vt)$ ein und erhalten

$$
\begin{aligned}
t' &= \frac{1}{v}\left(\frac{x}{k} - k(x - vt)\right) \\
&= \frac{1}{kv}x - \frac{k}{v}x + kt \\
&= k\left(t - \frac{x}{v}\left(1 - \frac{1}{k^2}\right)\right) \\
&= k(t - \frac{v}{c^2}x).
\end{aligned}
$$

Dabei haben wir in der vorletzten Zeile noch die kleine Umformung

$$k^2 = \frac{1}{1 - \frac{v^2}{c^2}} \quad \Longleftrightarrow \quad \frac{v^2}{c^2} = 1 - \frac{1}{k^2}$$

benutzt.

Damit haben wir nun alle Transformationsgesetze zusammen:

Lorentz-Transformation

$$
\begin{aligned}
x' &= k(x - vt) & x &= k(x' + vt') \\
y' &= y & y &= y' \\
z' &= z & z &= z' \\
t' &= k\left(t - \frac{v}{c^2}x\right) & t &= k\left(t' + \frac{v}{c^2}x'\right)
\end{aligned}
$$

Wie erhält man hieraus die Zeitdilatation?

Wir betrachten zwei verschiedene Zeitpunkte, z.B. den Anfang t_1 und das Ende t_2 einer Zeiteinheit, sagen wir einer Sekunde. Diese Zeitpunkte übertragen sich in ein gleichförmig bewegtes System nach der Formel

$$
\begin{aligned}
t'_1 &= k\left(t_1 - \frac{v}{c^2}x\right), \\
t'_2 &= k\left(t_2 - \frac{v}{c^2}x\right).
\end{aligned}
$$

Subtraktion beider Gleichungen ergibt

$$
\Delta t' = t'_2 - t'_1 = k(t_2 - t_1) = k\Delta t.
$$

Das müssen wir jetzt richtig interpretieren. Es ist ja

$$
k = \frac{1}{\sqrt{1 - \frac{v^2}{c^2}}}.
$$

Da die Geschwindigkeit v des bewegten Systems niemals größer werden kann als die Lichtgeschwindigkeit, ist also auch $v^2 < c^2$, und daher ist der Bruch $\frac{v^2}{c^2} < 1$. Damit ist dann der Ausdruck unter der Wurzel kleiner als 1, was sich auf die Wurzel überträgt. Jetzt kommt der entscheidende Knackpunkt: Also ist der Kehrwert $k > 1$.

Wenn also im Ursprungssystem die Zeit $t_2 - t_1$ vergeht, so wird im bewegten System diese Zeit gedehnt um den Faktor $k > 1$. Die Zeitspannen werden also länger, und damit dehnt sich auch die Zeit.

12.6 Das Zwillingsparadoxon

Nun kommen wir zurück zu unseren Zwillingen, die wir am Anfang dieses Kapitels schon losreisen lassen wollten. Jeder sitze jetzt in seinem eigenen System, ihre gegenseitige Bewegung sei schön gleichförmig, nix beschleunigt und gebremst. Also fährt auch keiner eine Kurve! Das sollten wir hier schon erwähnen; es wird später eine entscheidende Rolle spielen. Sie reisen halt beide so durch die Gegend, immer geradeaus.

Da beide Systeme somit gleichwertig sind, sagt Zwilling A: „Ich sitze hier in Ruhe und Du, mein Zwillschlingel B, reist durch die Gegend."

Jetzt kommt Einstein mit seiner Uhr und wir folgern aus der Zeitdilatation (12.1), dass der reisende Zwilling langsamer altert als der ruhende. Wir hören Zwilling A schon zanken: „Ätsch, ich bin schon älter als Du!"

Aber jetzt das Paradoxon:

Zwilling A weckt die Eifersucht in Zwilling B. Mit der Berechtigung des ersten Relativitätsprinzips im Nacken erklärt Zwilling B naseweis, dass er die ganze Zeit über völlig still gesessen hat und sein Zwilling A durch die Welt gereist sei. Folglich ist er, B nämlich, inzwischen älter geworden und sein Partner *A* macht noch in die Windeln. „Nein, ich bin schon viel älter!"

Das ist nun wirklich paradox. Es kann doch nur einer von beiden älter werden. Wenn unsere theoretischen Formeln aber für beide das Älterwerden erklären, kann etwas an den Formeln nicht stimmen. Oder sollten wir etwas übersehen haben?

Denken wir noch mal nach. Ein Zwilling, egal welcher, sitze zu Hause und der andere reise los. Wenn ich nun wissen will, wie ihr Altersunterschied aussieht, so muss ich sie doch beide wieder zusammenholen. Es bringt doch nichts, darüber zu fabulieren, wie alt zwei Menschen sind, wenn der eine in Hannover, der andere aber bereits in der Andromeda rumschwirrt. Zum Vergleich müssen sie schon beide wieder zusammenkommen. Da liegt der Hase im Pfeffer. Denn notgedrungen muss einer von beiden umkehren oder eine Kurve fliegen. Beides aber ist in der speziellen Relativitätstheorie nicht zulässig. Für Beschleunigungen ist unsere Theorie nicht anwendbar; schnuppern Sie noch mal am ersten Relativitätsprinzip 12.2, S. 155.

Wir wissen aber genau, welcher der beiden Zwillinge die Kurve geflogen ist, also ist das unser Reisender und der andere liegt zu Hause auf dem Faulbett. Der Reisende bleibt daher jünger, der Faule wird älter, und es entsteht überhaupt nichts Paradoxes.

12.7 Schlussbemerkung

Erlauben Sie mir zum guten Schluss dieses kleine Bonmot zum Begriff „paradox". Was, bitte, ist paradox?

Paradox ist, wenn ein Tenor bass erstaunt ist, dass auch ein Sopran alt wird.

Kapitel 13

Sind alle Dreiecke gleichseitig?

13.1 Einleitung

Wie bereits im ersten Buch [7] möchte der Autor furchtbar gern seine Leserinnen und Leser aufs Glatteis führen. Damals haben wir „bewiesen", dass $90° = 100°$ ist, offensichtlich Unsinn. Es war nicht ganz leicht, den verborgenen Fehler in der Beweisführung zu finden. Jetzt wollen wir „beweisen", dass es nur gleichseitige Dreiecke gibt. Diejenigen, die sich an den Fehler beim letzten Mal erinnern, könnten einen leichten Vorteil haben, denn unser Fehler liegt an der gleichen Stelle, ist aber doch etwas verschieden. Um Sie in die Irre zu führen, werden wir ein bißchen tiefer in die Mathematikkiste der 8. Klasse greifen. Konstruktionen von Dreiecken und die Kongruenzsätze waren damals das Highlight.

13.2   Die Behauptung

> **Das Dreiecks–Problem**
>
> Alle Dreiecke sind gleichseitig!

Sie werden entgegnen, dass Sie mir einfach ein nicht-gleichseitiges Dreieck hinmalen, und schon haben Sie mich widerlegt. Nun, so einfach mache ich Ihnen die Geschichte nicht.

13.3   Der „Beweis"

Ich gehe nämlich genau so vor. Wir betrachten folgendes ganz offensichtlich *nicht* gleichseitige Dreieck:

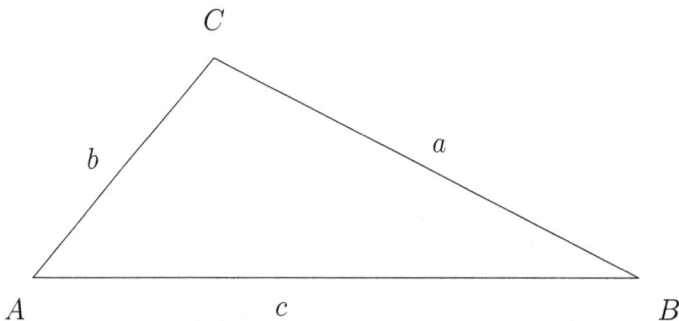

Abbildung 13.1: Ein offensichtlich nicht gleichseitiges Dreieck ABC

Wir werden nun „zeigen", dass Sie sich durch Ihre Sinne täuschen lassen; denn die Seite a ist genau so lang wie die Seite b. Damit wäre das Dreieck gleichschenklig, aber doch noch nicht gleichseitig, werden Sie vielleicht halb verzweifelt einwerfen. Aber bitte schön, wenn Sie mir bis dahin geglaubt haben, so „zeige" ich Ihnen mit dem selben Trick, dass die Seite a auch genau so lang ist wie die Seite c. Und damit ist dann das Dreieck doch gleichseitig.

Also warum ist a genau so lang wie b?

Wir zeichnen ein paar Hilfslinien in die Figur:

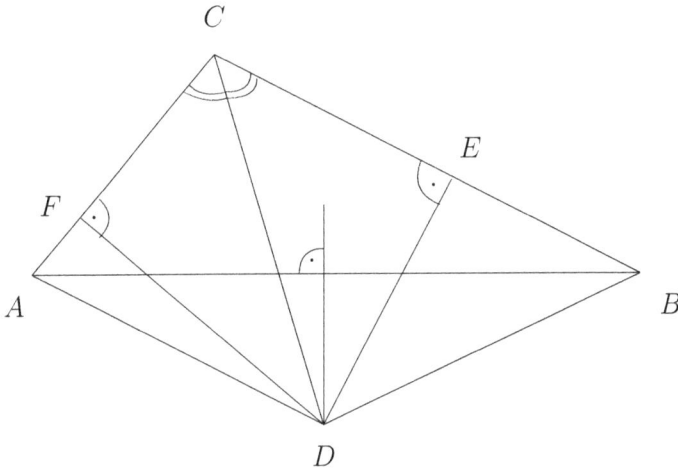

Abbildung 13.2: Unser offensichtlich nicht gleichseitiges Ausgangsdreieck ABC mit der Winkelhalbierenden bei C und der Mittelsenkrechten über AB, die sich beide in D schneiden.

Nun geht unser „Beweis" erst richtig los. Wir haben in das Ausgangsdreieck einige zusätzliche Hilfslinien eingezeichnet: die Winkelhalbierende bei C und die Mittelsenkrechte über der Seite c. Beide schneiden sich in D. Von D aus haben wir die Lote auf die Seiten a und b gefällt. Die

Lotfußpunkte nennen wir E und F, wie eingezeichnet.

Betrachten wir die Dreiecke CDE und CDF. Es sieht nicht so aus, aber wir „beweisen", dass diese beiden Dreiecke gleich groß, ja sogar kongruent sind. Dazu berufen wir uns auf die bekannten Kongruenzsätze, die wir alle mal in der 8. Klasse gelernt haben. Einer dieser Sätze besagt:

Satz 13.1 (Kongruenzsatz 1: WSW) *Zwei Dreiecke sind genau dann kongruent, wenn sie in einer Seite und den beiden anliegenden Winkeln übereinstimmen.*

Schauen wir uns die beiden Teildreiecke genau an.

1. Da ist zum einen die beiden Dreiecken gemeinsame Seite CD.

2. Oben bei C haben beide Dreiecke nach unserer Konstruktion (Winkelhalbierende) den gleichen Winkel.

3. Dann sind nach unserer Konstruktion beide Dreiecke rechtwinklig. Wegen der Winkelsumme von 180° in jedem Dreieck, sind auch die beiden Winkel bei D gleich.

Unser Satz 13.1 greift also. Allerdings müssen wir beachten, dass wir die beiden Dreiecke aufeinander umklappen müssen, sie sind spiegelbildlich kongruent. Damit ist auf jeden Fall die Seite CE genau so lang wie die Seite CF.

Wenn wir jetzt noch zeigen können, dass die Seite EB genau so lang ist wie die Seite FA, so haben Sie verspielt; denn dann ist die Seite CB genau gleich der Seite CA, was die behauptete Gleichschenkligkeit beweist.

Warum also ist EB gleich FA?

Wir zeigen, dass die beiden Dreiecke AFD und BED ebenfalls kongruent sind, auch wenn das in unserer Skizze sehr anders aussieht. Aber wie gesagt, Sie lassen sich täuschen; denn wir „beweisen", was Sie nicht sehen.

Wir beziehen uns hier auf einen weiteren Kongruenzsatz aus der 8. Klasse.

Satz 13.2 (Kongruenzsatz 2: SSW$_g$) *Zwei Dreiecke sind genau dann kongruent, wenn sie in zwei Seiten und dem Winkel, der der größeren Seite gegenüberliegt, übereinstimmen.*

Da ist also eine kleine Einschränkung mit dabei „der der größeren Seite gegenüberliegt", die von Schülern gern übersehen wird. Wir wollen aber in diese Falle nicht tappen. Nein, unser Schmuh liegt verborgener.

1. Die Dreiecke AFD und BED haben die gleich langen Seiten DF und DE, wie wir ja gerade oben bewiesen haben.

2. Die Dreiecke AFD und BED haben die gleich langen Seiten AD und BD; denn schließlich liegt ja D auf der Mittelsenkrechten.

3. Und dann ist da noch der beiden Dreiecken gemeinsame rechte Winkel. Halt, was ist mit der Einschränkung? Ich bitte Sie, der rechte Winkel ist stets der größte Winkel in einem Dreieck. Ihm liegt selbstverständlich auch die größte Seite gegenüber. Nein, das haben wir nicht falsch gemacht.

Wir dürfen also den 2. Kongruenzsatz anwenden und haben damit gezeigt, dass die beiden Dreiecke ADF und BDE kongruent sind, wiederum spiegelbildlich gesehen. Wir müssen die beiden Dreiecke aufeinander klappen. Dann aber stimmt die Seite FA mit der Seite EB überein.

Wir sehen also, die Seiten a und b sind gleichlang, das Dreieck ist gleichschenklig.

Nun, jetzt mit den gleichen Argumenten noch gezeigt, dass auch die Seite c genau so lang ist wie z.B. a, und wir haben die Gleichseitigkeit.

Wo habe ich Sie bemogelt???

13.4 Die Erklärung

Der Fehler liegt *nicht* in den Kongruenzsätzen; diese sind vollkommen korrekt angewendet. Vielleicht werfen Sie noch mal einen Blick darauf.

Nein, der Fehler liegt wie schon im Skizzenproblem in [7] in der Skizze. Wenn sie so aussähe, wie wir sie gezeichnet haben, so wäre das Dreieck in der Tat gleichseitig.

Die richtige Skizze schaut ein bisschen anders aus:

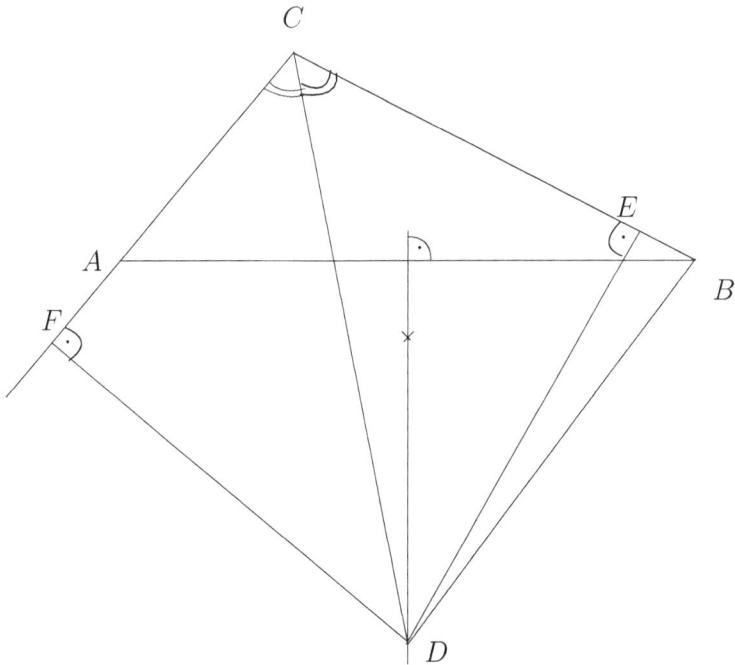

Abbildung 13.3: Die wahre Skizze

Diese Skizze kommt der Wahrheit schon etwas näher. Bitte verzeihen Sie
die kleinen Ungenauigkeiten des Computers. Wir sehen jedenfalls, dass
der Schnittpunkt von Winkelhalbierender und Mittelsenkrechter ziemlich
tief liegt. Die Lote von dort treffen rechts innerhalb des Dreiecks die Seite
a im Punkt E, links aber außerhalb des Dreiecks die Seite b im Punkt F.

Das Dreieck DFC ist nun tatsächlich kongruent zum Dreieck DEC. Daher ist FC genau so lang wie EC. Das ergibt unser erster Kongruenzsatz.

Dann ist das Dreieck DFA kongruent zum Dreieck DBE. Das war unser
korrekt angewandter Kongruenzsatz 2.

Dann ergibt sich offenkundig, dass $CF + FA$ gleich CB ist.

Aber jetzt habe ich Ihnen an der falschen Skizze suggeriert, dass $CF+FA$
gerade die Seite AC ist. Das war gelogen! Und das war hinterhältig, nicht
wahr?

Fazit: Traue niemals einer Skizze!!!

„Das sieht man doch!" ist niemals ein gültiges Argument. Es muss durch
logische Schlussfolgerungen bewiesen werden. Das aber genau macht unsere geliebte Mathematik!

13.5   Eine schwierige Dreieckskonstruktion

Erinnern Sie sich an Ihre neunte Klasse? Oben mit den Kongruenzsätzen
waren wir ja schon dort. Damals hat sich aber ein Folgeproblem auf-
getan. Es ging um die Konstruktion von Dreiecken. Eigentlich war das
eine wunderschöne Rätselaufgabe. Der Lehrer oder die Lehrerin gaben
drei Teilstücke eines Dreiecks vor, und wir sollten daraus das zugehörige
Dreieck konstruieren.

Eine Aufgabe hatte es besonders in sich. Sie wurde bald von uns als „die schwerste Dreieckskonstruktion" klassifiziert, weil wir sie damals nicht lösen konnten. Weil die Grundgedanken hinter der Lösungsmethode zu dieser Aufgabe gerade hier her passen, präsentieren wir Ihnen hier die ultimative Lösung. Zuerst die Aufgabe

Dreieckskonstruktion: Konstruieren Sie ein Dreieck aus den Vorgaben h_c, w_γ und s_c!

Wir waren damals natürlich mit diesen Abkürzungen vertraut. Hier die Erklärungen:

h_c ist die Höhe des Dreiecks auf der Grundlinie $c = AB$,
      also die Linie von C aus, die senkrecht auf der Seite c auftrifft.

w_γ ist die Winkelhalbierende des Winkels γ bei C.

s_c ist die Seitenhalbierende der Grundseite c, sie geht also von
      dem Mittelpunkt der Grundseite $c = \overline{AB}$ zum Punkt C.

Da saßen wir nun, hatten Papier und Bleistift und natürlich einen Radiergummi für Fehlerbeseitigung, einen Zirkel und ein Lineal und sollten konstruieren.

Damit wir etwas konkreter arbeiten konnten, waren folgende Werte vorgegeben:

$$h_c = 3.0 \ cm, w_\gamma = 3.3 \ cm, s_c = 3.5 \ cm$$

Nach kurzem Nachdenken hatte ich folgende Skizze 13.4 auf meinem Blatt:

Ich hatte zuerst eine gerade Linie gemalt. Irgendwo darauf liegt dann später die Seite $\overline{AB}$ des gesuchten Dreiecks. Ich wählte einen beliebigen

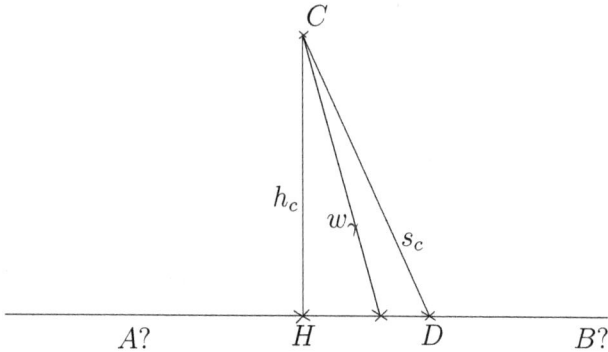

Abbildung 13.4: Eine Anfangsskizze, aber wo liegt A, wo B?

Punkt H als Höhenfußpunkt und errichtete dort die Senkrechte nach oben. Die Vorgabe $h_c = 3.0$ cm brachte den Punkt C. Von dort konnte ich dann w_γ und s_c abtragen. Wo aber liegen jetzt die Punkte A und B?

Dazu schauen wir auf die Skizze 13.5. Dort sehen wir das Dreieck von Skizze 13.3, diesmal aber ergänzt um den Umkreis.

Fällt Ihnen etwas auf? Der Punkt D scheint auf dem Umkreis zu liegen. Ist das wirklich so oder nur eine Ungenauigkeit unserer Skizze? Wir müssen das prüfen.

Nun, wir haben doch die Seitenhalbierende s_c eingezeichnet. Wie ihr Name sagt, halbiert sie die Seite c. Wenn wir dort die Senkrechte errichten, so ist das die Mittelsenkrechte zwischen den noch unbekannten Punkten A und B. Diese Mittelsenkrechte trifft den Umkreis im Punkt, den wir D genannt haben. Wegen der Symmetrie sind jetzt die beiden Kreisbögen

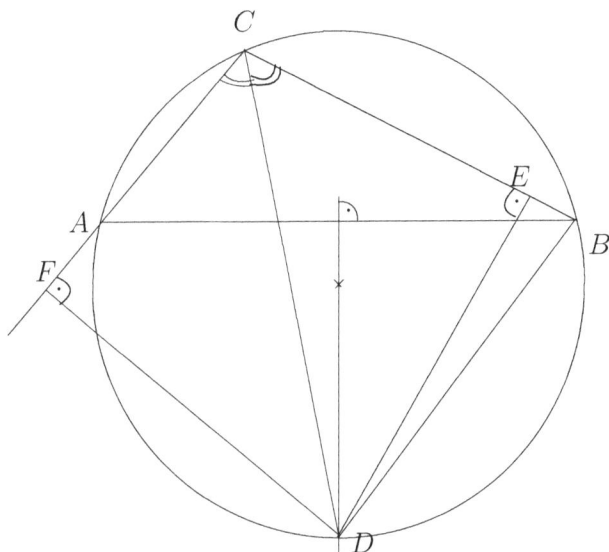

Abbildung 13.5: Hier die Skizze 13.3 noch einmal, aber ergänzt um den Umkreis.

$\widehat{DA}$ und $\widehat{DB}$ gleich lang. Jetzt erinnern wir uns an ein paar Sätze des Geometrieunterrichts. Da war zum ersten der Kreiswinkelsatz:

Satz 13.3 (Kreiswinkelsatz) *Jeder Umfangswinkel über einer festen Sehne ist halb so groß wie der Mittelpunktswinkel.*

Wir haben gerade oben zwei gleichgroße Bögen $\widehat{DA}$ und $\widehat{DB}$ erkannt. Die zugehörigen Mittelpunktswinkel, die wir nicht eingetragen haben, um die Skizze nicht zu überfrachten, sind natürlich ebenfalls gleich. Man verdreht ja den einen Bogen nur etwas. Nach dem Kreiswinkelsatz sind dann auch die beiden zugehörigen Umfangswinkel gleich, nämlich halb so groß wie der Mittelpunktswinkel. Das bedeutet aber, dass die beiden

Winkel, die wir bei C eingetragen haben, gleich sind. Also ist die Linie $\overline{CD}$ die Winkelhalbierende im Punkt C. Diese trifft sich also mit der Mittelsenkrechten, die wir zuerst eingetragen haben, auf dem Umkreis im Punkt D.

Damit haben wir für unsere Dreieckskonstruktion zwei Punkte konstruiert, die auf dem Umkreis liegen, nämlich Punkt C und Punkt D. Der Mittelpunkt des Umkreises liegt ja zum einen auf der oben gezeichneten Mittelsenkrechten und jetzt zum zweiten auf der Mittelsenkrechten der Linie $\overline{CD}$. So können wir den Mittelpunkt konstruieren, den Umkreis zeichnen und die beiden gesuchten Punkte A und B als Schnittpunkte mit der ursprünglich zuerst gezeichneten Geraden konstruieren. Fertig.

Aus dem Kreiswinkelsatz ergibt sich übrigens unmittelbar der Satz über die Umfangswinkel, den wir hier nur der Vollständigkeit wegen angeben:

Satz 13.4 (Umfangswinkelsatz) *Umfangswinkel im Kreis über demselben Bogen sind gleich.*

13.6   Guter Satz – kranker Beweis

Oben hatten wir eine falsche Behauptung, dass alle Dreiecke gleichseitig seien, und haben dazu einen angeblich perfekten Beweis geliefert. Es gibt auch das umgekehrte Phänomen, dass wir eine richtige Behauptung aufstellen und dazu einen falschen Beweis liefern, was die Behauptung aber nicht falsch macht.

Wir zeigen hier an der folgenden Skizze, dass die Winkelsumme im Dreieck stets 180° beträgt. Diese Aussage lernt man in der 8. Klasse. Sie ist richtig. Was sagen Sie zu folgendem einfachen Beweis. Wir nennen die vorerst unbekannte Winkelsumme x und betrachten die Winkelsumme in jedem der Teildreiecke:

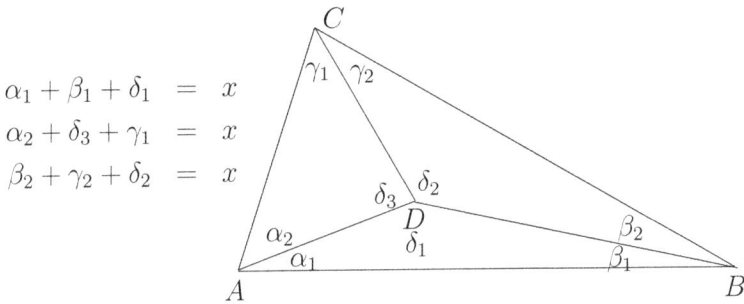

Abbildung 13.6: Ein beliebiges Dreieck ABC mit beliebigem Innenpunkt D

$$\alpha_1 + \beta_1 + \delta_1 = x$$
$$\alpha_2 + \delta_3 + \gamma_1 = x$$
$$\beta_2 + \gamma_2 + \delta_2 = x$$

Addieren wir diese drei Gleichungen, so folgt:

$$\alpha_1 + \alpha_2 + \beta_2 + \beta_1 + \delta_3 + \gamma_2 + \delta_1 + \gamma_1 + \delta_2 = 3x$$

Wegen $\alpha_1 + \alpha_2 = \alpha$, $\beta_1 + \beta_2 = \beta$ und $\gamma_1 + \gamma_2 = \gamma$ ergibt das zusammen wieder x. Die drei Winkel in der Mitte beim Punkt D bilden zusammen einen Vollkreis, also ist $\delta_1 + \delta_2 + \delta_3 = 360$. Die letzte Gleichung lautet also:

$$\alpha + \beta + \gamma + 360 = x + 360 = 3x \qquad \Longleftrightarrow \qquad x = 180$$

Schön einfach, aber was ist faul an diesem „Beweis"? Das ist etwas versteckt, nämlich in der stillschweigenden Einführung des x. Damit setzen wir voraus, dass die Winkelsumme in jedem Dreieck gleich ist. Bewiesen haben war dann nur, dass sie unter dieser Annahme wirklich 180° ist. Wir wollten aber doch viel mehr beweisen. Das geht so aber nicht. Ein wirklich kranker Beweis für einen richtigen Satz.

Kapitel 14

Schachmatt in einem „halben" Zug

14.1 Das kürzeste Schachproblem

Diese kleine Rätselaufgabe hat ein wenig mit Logik zu tun, darum sei sie hier aufgeführt. Mein Vater [6] erzählte mir vor langer Zeit dieses Problem und fand es sehr ulkig.

Die Fragestellung ist ziemlich simpel. Betrachten Sie die Schachaufgabe auf der nächsten Seite, bei der wir allen überflüssigen Schnickschnack weggelassen haben, damit Sie sich voll auf die eigentliche Aufgabe konzentrieren können. Es sind also nur die wirklich noch wesentlichen Figuren auf dem Spielbrett.

Das Schachproblem

Wie lautet das kürzeste Schachproblem?

Die Antwort hört sich reichlich merkwürdig an:

Schachmatt in einem halben Zug!

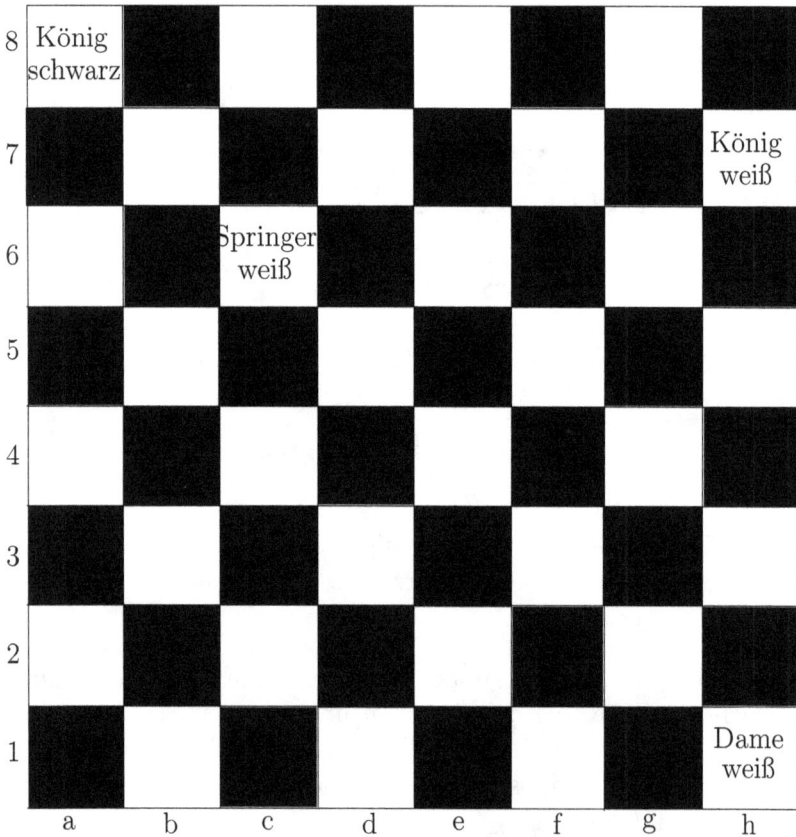

Abbildung 14.1: Das kürzeste Schachproblem

14.2 Die Lösung

Üblicherweise ist bei solchen Problemen immer Weiß am Zug. Weiß hat nur drei Figuren zur Verfügung.

Der weiße König könnte sich jeden Zug ausdenken, den er nach den Regeln machen kann, aber die Spielsituation würde sich dadurch überhaupt nicht ändern.

Die Dame rechts unten auf *h*1 könnte einen vollen Zug nach *a*1 machen und damit Schach bieten, was den schwarzen König aber nur ein Lächeln kostet. Er könnte diagonal in Richtung des weißen Springers nach *b*7 flüchten. Damit wäre er also nicht matt, er würde sogar den Springer bedrohen, und außerdem war das kein halber Zug.

Bleibt nur der Springer. Der bedroht den schwarzen König nicht wirklich. Er könnte aber im nächsten vollen Zug eines der beiden zum schwarzen König benachbarten Felder *a*7 oder *b*8 besetzen.

14.3 Der halbe Zug

Was bitte ist ein halber Zug? Das ist doch Unsinn. Recht haben Sie, aber vielleicht denken wir mal nach. Was könnte denn gemeint sein?

Ein halber Zug ist doch die Hälfte eines vollen Zuges.

Jetzt kommt die Antwort: Der Springer springt nur zur Hälfte, also er hebt vom Boden ab und verharrt wundersamerweise in der Luft mit dem Ziel, entweder nach *a*7 *oder* nach *b*8 zu springen. Diese beiden Felder sind also für den schwarzen König tabu. Dadurch, dass der Springer in der Luft ist, bietet aber jetzt die weiße Dame Schach. Der schwarze König hat damit kein freies Feld mehr, wohin er flüchten könnte. Dies ist die Matt-Situation.

Hoffentlich können Sie ebenso wie der Autor über die hintersinnige Logik dieser Aufgabe etwas lächeln.

Kapitel 15

Warum ist DIN-A4 so krumm?

15.1 Einleitung

Schauen Sie sich doch mal ein schnödes Blatt Papier an. Das soll etwas mit Mathematik zu tun haben? Oh, warten Sie's nur ab. Das Papierchen ist ja offensichtlich nicht quadratisch, sondern ein Rechteck. Die Seitenlängen sind grob geschätzt 21 cm und 30 cm. Aber das ist eben nur grob geschätzt. Wir verraten Ihnen hier die auf 30 Stellen nach dem Dezimalpunkt genauen Abmessungen:

Höhe: 29.730177875068026667937499264012 cm
Breite: 21.022410381342863575778136905830 cm

Welcher Verrückte hat sich diese Zahlen einfallen lassen? So krumm kann man doch gar nicht denken.

Das DIN-A-Papier–Problem
Warum hat DIN-A4-Papier so krumme
Abmessungen?

Seien Sie gewarnt. Sie glauben immer noch nicht an die Kraft der Mathematik. Überall steckt sie dahinter. Fragen wir also den Mathematiker, ob er das Geheimnis lüften kann. Und richtig, da gibt es eine Gesetzmäßigkeit.

15.2 DIN-A-Papier

Hinter allem steht die DIN, also die „Deutsche Industrie Norm". Dort ist ziemlich viel geregelt, was unser tägliches Leben angeht. Etliche verschiedene Papiergrößen sind dort festgehalten. Wir wollen uns hier aber nur mit der Papiergröße A befassen.

Jetzt kommt zunächst ein Gedanke, der überraschend wirkt und so aus der Luft gegriffen scheint, aber wir werden sehen, dass dahinter ein mathematisches Konzept steckt. Jemand fand, dass ein Blatt Papier nicht unbedingt quadratisch hübsch aussieht, sondern es beschreibt sich schöner, einfacher, ja lieber, wenn es rechteckig ist.

Definition 15.1 *Papier der Größe DIN-A möchte bitte nicht quadratisch, sondern ernsthaft rechteckig sein.*

Na gut, da kann man mit leben. Jetzt aber die schwerwiegende Frage, wie hoch es denn im Verhältnis zur Breite sein möchte. Da wäre ich auf simple Gedanken gekommen.

15.3 Goldener Schnitt

Was halten Sie vom Goldenen Schnitt? Das ist ein seit alter Zeit sehr beliebtes Verhältnis, das offensichtlich einem Schönheitsideal nahe kommt.

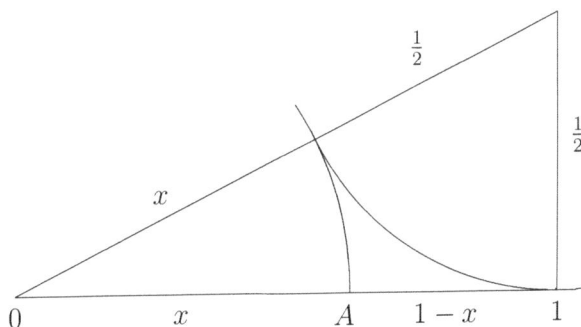

Abbildung 15.1: Vorschrift zur geometrischen Konstruktion des Goldenen Schnittes: Zeichne die Strecke $[0,1]$ und rechts senkrecht nach oben eine Strecke der Länge $1/2$. Trage diese Strecke auf die Querverbindung ab und übertrage von 0 die Restlänge wieder auf die Grundstrecke $[0,1]$. Das ergibt den gesuchten Punkt A. Durch diesen Punkt A im Abstand x wird die Strecke $[0,1]$ so unterteilt, dass sich die Gesamtstrecke zur Teilstrecke x wie die Teilstrecke x zur Restteilstrecke $1-x$ verhält, also

$$1 : x = x : (1-x)$$

Das müssen wir natürlich begründen. Der alte Pythagoras (einen leichten geometrischen Beweis dieses Satzes finden Sie in [9] im Vorwort) bringt uns direkt auf die Siegerstraße. Für das bei 1 rechtwinklige Dreieck rechnen wir:

$$1^2 + \left(\frac{1}{2}\right)^2 = \left(\frac{1}{2} + x\right)^2 = \left(\frac{1}{2}\right)^2 + x + x^2.$$

Daraus folgt sofort:

$$x^2 + x - 1 = 0.$$

Dies formen wir so um:

$$1 - x = x^2 \quad \Longleftrightarrow \quad \frac{1}{x} = \frac{x}{1-x},$$

also unser behauptetes Verhältnis.

Zusätzlich können wir den Wert für x direkt aus der quadratischen Gleichung bestimmen:

$$x^2 + x - 1 = 0 \quad \Longrightarrow \quad x_{1,2} = -\frac{1}{2} \pm \sqrt{\left(\frac{1}{2}\right)^2 + 1}$$

Das negative Vorzeichen würde insgesamt zu einer negativen Streckenlänge x führen, was geometrisch sinnlos wäre. Als Lösung erhalten wir daher:

$$x = \frac{\sqrt{5} - 1}{2} \approx 0.618$$

Das ist das berühmte Verhältnis des goldenen Schnittes: Es ist

$$1 : 0.618 = 0.618 : (1 - 0.618),$$

wie Sie ja auch leicht durch Nachrechnen bestätigen können. Hier diese goldene Schnittzahl mit 32 Stellen:

$$x = 0.61803398874989484482045868343656$$

Der Kehrwert dieser Zahl ist ganz raffiniert zu berechnen. Bilden wir $1/x$:

$$
\begin{aligned}
\frac{1}{x} &= \frac{1}{(\sqrt{5}-1)/2} = \frac{2}{\sqrt{5}-1} = \frac{2 \cdot (\sqrt{5}+1)}{(\sqrt{5}-1) \cdot (\sqrt{5}+1)} \\
&= \frac{2 \cdot (\sqrt{5}+1)}{5-1} = \frac{\sqrt{5}+1}{2} = \frac{\sqrt{5}-1+2}{2} = \frac{\sqrt{5}-1}{2} + 1 \\
&\approx 0.618 + 1 = 1.618
\end{aligned}
$$

Es ist also für diese goldene Schnitt-Zahl:

$$\frac{1}{x} = x + 1;$$

daher wird manchmal auch die Zahl 1.618 als goldene Schnitt-Zahl bezeichnet.

Wenn wir also ein Blatt Papier vor uns hinlegen, dessen untere Seite die Länge 1 m und dessen Höhe die Länge 1.618 m hat oder, leichter zu handeln, dessen untere Seite 10 cm und dessen Höhe 16.18 cm lang ist, so gilt dies seit alters her als ein schönes Blatt. Warum haben das die Experten von der DIN nicht genommen?

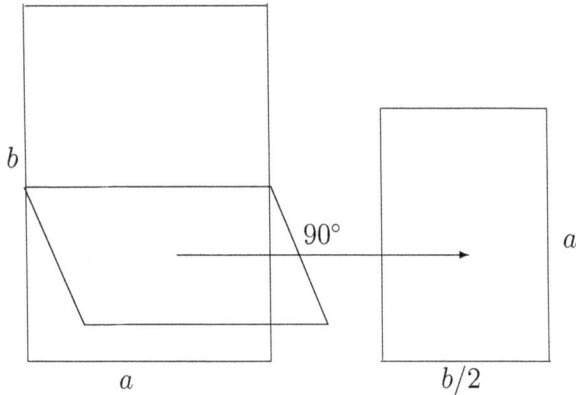

Abbildung 15.2: Wenn wir ein DIN-A-Blatt in der Mitte falten und dann um 90° drehen, so möchten die Seiten wieder im selben Verhältnis stehen.

15.4   Der Halbierungsgedanke

Die waren nicht so sehr an Schönheit, als vielmehr an praktischen Dingen interessiert. Der Grundgedanke ist recht faszinierend. Schauen wir uns obige Skizze an:

Definition 15.2 (Der DIN-A-Gedanke) *Man möchte beim Zusammenfalten eines Blattes aus der A-Familie wieder ein Blatt mit demselben Seitenverhältnis erhalten.*

Aus der Skizze entnehmen wir sofort die zugehörige Gleichung:

$$a : b = b/2 : a.$$

Jetzt müssen wir uns an die Bruchrechnung erinnern und auflösen:

$$a^2 = b^2/2 \quad \Longrightarrow \quad 2 \cdot a^2 = b^2 \quad \Longrightarrow \quad \sqrt{2} \cdot a = b.$$

Wir haben die negative Wurzel ignoriert, weil wir ja mit Seitenlängen, also positiven Größen hantieren wollen. Das Verhältnis der beiden Seitenlängen wird damit durch $\sqrt{2}$ bestimmt.

Satz 15.1 *Wenn wir das Papier so bemessen, dass durch Zusammenfalten wieder ein Papier mit demselben Seitenverhältnis entsteht, so ist das Seitenverhältnis durch $\sqrt{2}$ bestimmt, es gilt für die beiden Seiten a und b*

$$\sqrt{2} \cdot a = b.$$

Wählen wir $a = 1$, so ist

$$b = \sqrt{2} \approx 1.4142.$$

Leichtes Umrechnen ergibt auch:

Das Seitenverhältnis von DIN-A-Papier ist

$$a : b = 1 : \sqrt{2}.$$

Das ist die zweite Bestimmung für unser DIN-A–Papier. Auch hier die Zahl $\sqrt{2}$ mit 32 Stellen:

$$\sqrt{2} = 1.41421356237309504880168872420 97.$$

Das schließt natürlich die simple Idee aus: Wir machen das Papier doppelt so hoch wie breit. Wenn wir ein solches Blatt in der Mitte zusammen falten, entsteht ein Quadrat, was ja nicht aussieht.

15.5 Wie groß ist nun DIN-A4?

Jetzt brauchte man nur noch eine Normierung, um das DIN-A-Papier beschreiben zu können. Und man legte ganz einfach fest:

Definition 15.3 *Papier der Größe DIN-A0 möchte bitte genau 1 Quadratmeter groß sein.*

Wer auch immer das so bestimmt hat, es liegt irgendwie nahe und ist nicht verwunderlich. Mir wäre bestimmt nichts Besseres eingefallen.

Damit haben wir also drei Festlegungen, die uns unser DIN-A–Papier bescheren:

Festlegungen für das DIN-A-Papier

- DIN-A0 sei genau ein Quadratmeter.

- Durch Zusammenfalten entstehe wieder ein Papier mit demselben Seitenverhältnis.

- DIN-A(k+1) sei halb so groß wie DIN-Ak.

Durch obige Bestimmungen ist nun zunächst DIN-A-0 vollständig festgelegt; denn wenn wir die Seiten mit a und b, $b > a$, bezeichnen, so haben wir die Gleichungen

$$a \cdot b = 1 \quad \text{und} \quad \sqrt{2} \cdot a = b.$$

Daraus folgt

$$a = \frac{1}{b} \quad \text{und} \quad b^2 = \sqrt{2}.$$

Das bedeutet

$$b = \sqrt{\sqrt{2}} \approx 1.189 \quad \text{und} \quad a \approx 0.84,$$

das alles gerechnet in Metern, weil wir ja DIN-A0 als 1 Quadrat*meter* festgelegt haben.

Jetzt müssen wir immer nur falten. Beachten Sie unsere Abbildung 15.2 auf Seite 190. Das nächste DIN-A-Papier ist so hoch, wie das vorige breit war, und halb so breit, wie das vorige hoch war. Bei den Zentimeterangaben runden wir, damit die Zahlen übersichtlicher werden:

DIN	Breite	x	Höhe
A0	84	x	120
A1	60	x	84
A2	42	x	60
A3	30	x	42
A4	21	x	30
A5	15	x	21

Wenn Sie jetzt aber 32-stellig mit der Zahl $\sqrt{\sqrt{2}}$ arbeiten, erhalten wir die „krummen Maße" vom Beginn des Kapitels. Und eigentlich sind sie doch gar nicht krumm. Was haben Sie gegen

$$\sqrt{\sqrt{2}} = 1.18920711500272106671749997056 05 \quad ?$$

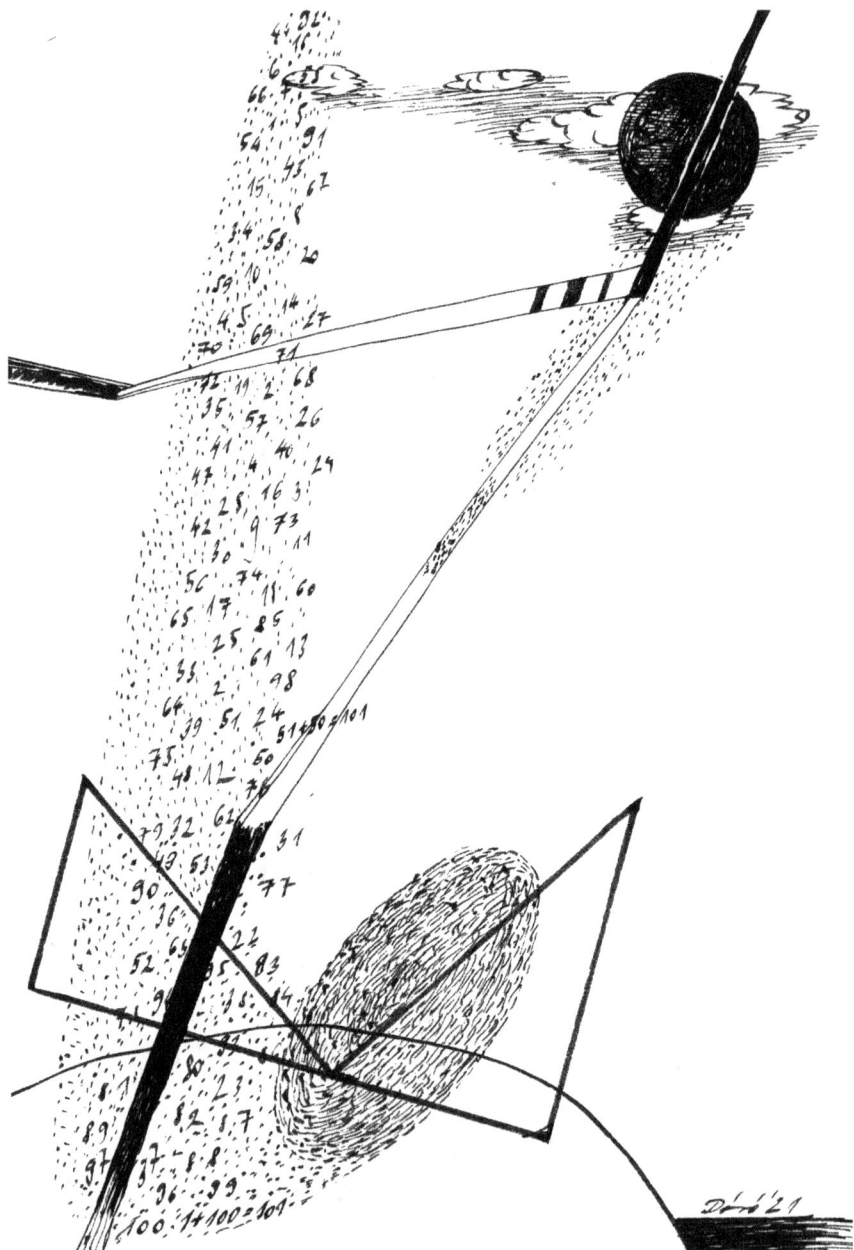

Dóró '21

Kapitel 16

Wann ist denn nun Ostern?

Ostern gibt es ein mathematisches Problem? Gar das Osterhasenproblem? Nein, davon wollen wir hier nicht sprechen, obwohl es sicher auch ganz lustig ist. Unsere Frage gilt dem Ostertermin.

Das Oster–Problem

Wann ist eigentlich Ostern?

Tatsächlich hat hier die Mathematik ein gehöriges Wort mitzusprechen.

16.1   Geschichtliches

Greifen wir zuerst etwas in die Bildungskiste. Ostern ist im christlichen Glauben das Fest der Auferstehung von Jesus aus dem Grab. Dies geschah laut Bibel am Sonntag nach dem Passah-Fest. Dieses Fest der Juden

erinnert an den Auszug der Israeliten aus Ägypten. Es wurde und wird
traditionsgemäß am ersten Frühlingsvollmond gefeiert.

Also noch einmal ganz genau:

- Jesus wurde laut Bibel am Freitag gekreuzigt, am Samstag war
  dann das Passah-Fest, also der Vollmondtag, und am Sonntag fanden die Frauen das leere Grab. Damit ist klar, dass das Osterfest
  nicht am Vollmondtag des Frühlings stattfinden kann, sondern erst
  danach. Dies ist eine der Festlegungen, die bereits im ersten Konzil
  von Nicäa getroffen wurden.

- Schon sehr früh in der Christenheit war man einig, dass Ostern an
  einem Sonntag gefeiert werden sollte. Der Vollmond hält sich aber
  nicht an die Wochentage.

- Ostern sollte im Frühling liegen. Der Frühling beginnt, wenn im
  Frühjahr Tag und Nacht gleich lang sind. Man nennt den Tag
  Frühlingsäquinoktium oder *Frühlings-Tag-und-Nacht-Gleiche*. Das
  ist zugleich der Tag, an dem die Sonne senkrecht über dem Äqua-
  tor steht. Im Herbst gibt es noch mal einen solchen Tag.

- Dann legte man schon im 3. oder 4. Jahrhundert fest, dass der
  Frühling am 21. März beginnt. Die Astronomen beobachten zwar,
  dass der Frühlingsanfang zwischen dem 19. März und dem 21. März
  liegen kann, aber so eine Festlegung macht die Rechnerei erheblich
  leichter.

Geschichtlich sollte man jetzt noch anmerken, dass sich das Konzil zu
Nicäa im Jahre 325 n. Chr. zwar intensiv mit der Frage des Osterfestes befasste, aber nicht festlegte, wann dieser Tag gefeiert werden sollte.
Das Hauptanliegen dieses Konzils war es, in der gesamten Christenheit
ein einheitliches Datum für Ostern zu finden. Dies gelang erst wirklich

Dionysius Exiguus mit seinen Ostertafeln um 530 n. Chr., die später allgemeinverbindlich wurden.

Auf Grund der Darstellung in der Bibel kam es zu der Osterregel:

Oster-Problem
Das Osterfest liegt stets am ersten Sonntag
nach dem ersten Vollmond im Frühling.

Diese einfache Merkregel jetzt noch einmal zum Mitschreiben:

- Erst kommt der Frühlingsanfang am 21. März.

- Dann kommt Vollmond, eventuell gleichzeitig mit dem Frühlingsanfang.

- *Nach* dem ersten Vollmond kommt der Sonntag.

Erinnert Sie das nicht auch an das alte Kinderlied:

Erst kommt der Sonnenkäferpapa.
Dann kommt die Sonnenkäfermama.
Und hinterdrein, ganz klimperklein,
die Sonnenkäferkinderlein.

Also gut, wir hören ja schon auf.

16.2 Ostern vor der Kalenderreform

In den Jahren bis 1582 lebte man in der damals bekannten Welt nach dem bereits von Gaius Iulius Cäsar eingeführten Kalender. Schon lange hatten die Astronomen beobachtet, dass ein Jahr nicht genau 365 Tage dauerte, sondern noch ungefähr einen Vierteltag länger war. Also beschloss Cäsar, alle vier Jahre zusätzlich einen Schalttag einzulegen. Das hielt man so munter durch und konnte mit dieser einfachen Schaltregel auch recht leicht das Datum des Osterfestes berechnen.

Dabei ergaben sich einige Besonderheiten.

1. Ostern lag nie am 26. April. Das äußerste Datum war der 25. April.

2. Außerdem kannte man den Zyklus von 19 Jahren. Nach 19 Jahren nimmt der Mond wieder (fast) dieselbe Stellung zur Erde an, Vollmond fällt (fast) auf dasselbe Datum. In einem solchen Zyklus von 19 Jahren fiel Ostern nie zweimal auf dasselbe Datum.

Diese beiden Punkte waren und sind nicht aus der Geschichte herleitbar, sie haben sich einfach so ergeben. Das sollte aber erhebliche Auswirkungen auf die Kalenderreform nach 1582 haben; denn eines der Hauptgesetze besagt:

Das war schon immer so!

Diese beiden Punkte mussten also dringend beibehalten werden.

16.3   Ostern nach der Kalenderreform

Die Schaltregel von Cäsar war nur eine grobe Näherung. In Wirklichkeit ist ein Jahr nicht ganz einen Vierteltag länger.

Ein astronomisches Jahr dauert 365 Tage, 5 Stunden, 48 Minuten und 46 Sekunden.

Das sah nach einer minimalen, also zu vernachlässigenden Differenz aus. Aber im Laufe von Jahrhunderten schaukelt sich so etwas schon auf. So verschob sich der Tag, den man als Frühlingsanfang feierte, immer mehr vom wahren Frühlingsanfang weg Richtung Sommer. Das dauerte bis zum Jahr 1582, wo es Papst Gregor XIII zu bunt wurde gerade in Bezug auf das Osterfest. Dieses sollte ja schließlich möglichst nahe am Frühlingsanfang liegen. Er beauftragte eine Kommission mit einer völligen Neubestimmung des Kalenders und damit auch des Osterfestes. Man stelle sich diese Arbeit nicht zu leicht vor. Es galt, die damals über Jahrhunderte gültigen Regeln möglichst optimal zu bewahren und geichzeitig den astronomischen Gegebenheiten anzupassen.

Ein Vierteltag sind genau 6 Stunden. Das sind also 11 Minuten und 14 Sekunden zu viel gegenüber den wahren Verhältnissen. Alle vier Jahre ein Schalttag sind dann schon 4 mal 11 Min., 14 Sek., also ca. 45 Minuten zu viel. Alle vierhundert Jahre hat sich das zu drei Tagen, 2 Stunden und 54 Minuten aufsummiert, die man zu viel geschaltet hat. Seit dem Konzil von Nicäa waren das insgesamt zehn Tage zu viel.

Also beschloss die Reformkommission:

1. Auf den 4. Oktober 1582 folgt direkt der 15. Oktober 1582. So waren 10 Tage ausgelassen worden. Dabei ließ man aber die Reihenfolge der Wochentage unangetastet. Auf Dienstag, den 4. Oktober folgte also Mittwoch, der 15. Oktober.

2. Alle Jahrhunderte wird nicht geschaltet, aber alle vierhundert Jahre doch wieder, was zusammen die drei Tage in vierhundert Jahren ausmacht.

Die Schaltregel

1. Ein Gemeinjahr hat 365 Tage.

2. Jedes durch 4 ohne Rest teilbare Jahr hat 366 Tage, ist also ein Schaltjahr und hat einen 29. Februar extra mit den folgenden Ausnahmen:

   (a) Alle vollen Jahrhunderte sind Gemeinjahre mit 365 Tagen, also ohne Schalttag.

   (b) Alle durch 400 ohne Rest teilbaren Jahre sind wieder Schaltjahre.

So war das Jahr 1900 kein Schaltjahr, im Jahr 2000 dagegen gab es einen 29. Februar.

Eine Nebenbedingung wurde extra erhoben, weil sie sich bis 1582 so ergeben hatte:

Ostern sollte nicht später als am 25. April gefeiert werden.

Um das einzuhalten (Das war schon immer so!), unternahmen die Kalenderreformer von 1582 gewaltige Anstrengungen.

Für das Osterfest bedeutet das alles nun die Einschränkung:

Ostersonntag kann frühestens am 22. März liegen,
spätestens aber am 25. April.

So war die Terminfrage elegant den Astronomen zugespielt worden. Sie
mussten genau heraus finden, wann nach dem 20. März zum ersten Mal
Vollmond eintritt, und damit den Ostertermin bestimmen.

Das Hauptproblem allerdings bestand darin, diesen Termin den verschiedenen Völkern in ihre eigenen Kalender einzutragen. Noch heute gibt
es ja zum Beispiel sehr unterschiedliche Neujahrsfeste. Die Perser feiern
zu ganz anderen Zeiten als die Russen oder wir. Das war damals sogar
noch zerklüfteter. Russland hat erst im Zuge der Oktoberrevolution 1917
die Kalenderreform eingeführt. Die orthodoxe Kirche feiert bis heute das
Weihnachtsfest nach der alten Schaltregel, also erst Anfang Januar.

Eine Bemerkung zum Schalttag: Im römischen Kalender war der erste
Monat des Jahres der März. Daher kommt ja die Benennung des Sep-
tember als 7. Monat, des Oktober als 8. Monat, analog November und
Dezember. Damit war dann natürlich der Februar der letzte Monat eines
Jahres. Daher wurde auch in diesem letzten Monat geschaltet. Ursprünglich wurde der Schalttag nach dem 23. Februar eingeschoben. Damit war
der 24. Februar zweimal vorhanden. Dies war der sechstletzte Tag im Februar. Und so heißt heute noch im Französischen ein Schaltjahr „Année
Bissextile", ein Jahr, in dem der sechstletzte Tag zweimal vorkommt.

16.4   Die Osterformel bis 1582

Da trat nun um 1800 herum der große Mathematiker Carl Friedrich
Gauß[1] – die Gemeinde der Mathematiker nennt ihn „Princeps Mathe-
maticorum" – auf den Plan und bescherte der Menschheit eine Formel,

---
[1]Carl Friedrich Gauß (1777–1855)

mit der für lange Zeit der Ostertermin berechnet werden kann. Gauß entwickelte zuerst eine Formel für die Berechnung vor der Kalenderreform 1582. Dabei nutzte er geschickt die Gesetze der Zahlentheorie aus. Er hat diese Formel im August 1800 im Band II, p. 121-130, der Zeitschrift „Monatliche Correspondenz zur Beförderung der Erd- und Himmelskunde", herausgegeben von Freiherr von Zach, veröffentlicht. Sie lautet in Kurzfassung:

```
Sei J das Jahr
```

$$a \quad = \quad \text{Rest von } J \text{ bei Division durch 19}$$
$$b \quad = \quad \text{Rest von } J \text{ bei Division durch 4}$$
$$c \quad = \quad \text{Rest von } J \text{ bei Division durch 7}$$
$$N \quad = 6$$
$$M \quad = \quad 15$$
$$d \quad = \quad \text{Rest von } (19 \cdot a + M) \text{ bei Division durch 30}$$
$$e \quad = \quad \text{Rest von } 2 \cdot b + 4 \cdot c + 6 \cdot d + N \text{ bei Division durch 7}$$
$$Y \quad = \quad d + e + 1$$

```
            Ist Y ≥ 11, so setze y = Y − 10 und
            Ostern ist am y. April
            Ist Y < 11, so setzte y = Y + 21 und
            Ostern ist am y. März
```

16.5   Die Osterformel nach 1582

Im Jahre 1816 veröffentlichte Gauß in der „Zeitschrift für Astronomie und verwandte Wissenschaften", herausgegeben von B. von Lindenau und J.G.F. Bohnenberger, den Beitrag „Berichtigung zu dem Aufsatze: Berechnung des Osterfestes" seine erweiterte Formel, mit der nun auch das Datum des Osterfestes nach der Kalenderreform von 1582 richtig berechnet werden konnte:

```
Sei J das Jahr
```

a = Rest von J bei Division durch 19
b = Rest von J bei Division durch 4
c = Rest von J bei Division durch 7
H_1 = ganzzahliger Anteil von $J/100$
H_2 = ganzzahliger Anteil von $J/400$
k = ganzzahl. Anteil von $(8 \cdot H_1 + 13)/25$
N = $4 + H_1 - H_2$
M = $15 + H_1 - H_2 - k$
d = Rest von $(19 \cdot a + M)$ bei Division durch 30
e = Rest von $2 \cdot b + 4 \cdot c + 6 \cdot d + N$ bei Division durch 7
Y = $D + e + 1$

Ist $Y \geq 11$, so setze $y = Y - 10$
Ist $y = 26$ und $e = 6$, so setze $y = 19$
Ist $y = 25$ und $e = 6$ und $a \geq 11$, so setze $y = 18$
Ostern ist am y. April
Ist $Y < 11$, so setzte $y = Y + 21$ und
Ostern ist am y. März

Die beiden Ausnahmen, die auf die Kalenderreformer zurück gehen und die wir auf Seite 198 angegeben haben, stecken in diesem Programm in den Alternativen für Y.

Vielleicht wollen Sie die Formeln per Hand nachrechnen, ehe Sie im Internet suchen. Hier ein paar Beispiele:

J	2009	1954	1981
a	14	16	5
b	1	2	1
c	0	1	0
H_1	20	19	19
H_2	5	4	4
k	6	6	6
N	19	19	19
M	24	24	24
d	20	28	29
e	1	6	6
Y	22	35	36
y	18	25	26

Wir sehen, dass 2009 ein normales Jahr war, in dem keine Ausnahme angewendet werden musste. Ostern war 2009 am 12. April.

Für das Jahr 1954 ergibt sich $y = 25$. Hier ist $e = 6$ und $a = 16$, also setzen wir gemäß der zweiten Ausnahmeregel $y = 18$. Ostern war im Jahr 1954 am 18. April.

Für das Jahr 1981 erhalten wir $y = 26$ und $e = 6$. Eigentlich wäre also am 26. April Ostern zu feiern. Aber hier greift unsere erste Ausnahme. Wir setzen $y = 19$, und damit haben wir 1981 Ostern am 19. April gefeiert. Schauen Sie dazu weiter unten auf unsere Bemerkung „Ostern und das Passah-Fest".

16.6   Ein Basic-Programm

Wir lassen hier ein kleines Basic-Programm folgen. Es ist so geschrieben, dass es (hoffentlich) in allen Basic-Versionen läuft.

```
10 CLS:PRINT ''WANN IST OSTERN?'':PRINT
20 INPUT''Eingabe der Jahreszahl (vierstellig):'';J
30 a=J-int(J/19)*19
40 b=J-int(J/4)*4
50 c=J-int(J/7)*7
60 IF J <1583 THEN M = 15 AND N = 6: GOTO 110
70 H1 = int(J/100)
80 H2 = int(J/400)
90 N = 4 + H1 - H2
100 M = 15 + H1 - H2 - int((8*H1+13)/25)
110 d=(19*a+M)-int((19*a+M)/30)*30
120 e=(2*b+4*c+6*d+N)- int((2*b+4*c+6*d+N)/7)*7
130 Y=d+e+1
150 IF Y<11 GOTO 200
160 Y=Y-10
170 If Y=26 THEN Y=19, IF (Y=25 AND a >=11) THEN Y=18
180 PRINT''Im Jahr '';J;:PRINT''ist Ostersonntag am '';Y;
:PRINT''. April''
190 GOTO 220
200 Y=Y+21
210 PRINT''Im Jahr '';J;:PRINT''ist Ostersonntag am '';Y;
:PRINT''. März''
220 End
```

Gültigkeit der Gaußformel

Mit der Schaltregel macht man immer noch einen Fehler, der in 400 Jahren 2 Stunden und 54 Minuten, also knapp 3 Stunden ausmacht. In 3200 Jahren hat sich das zu fast einem Tag summiert. Da man 1583 mit dieser Schaltregel begann, wird man also im Jahre $1583 + 3200 = 4783$ über ein erneutes Schalten nachdenken müssen. Da aber auch der Mond nicht in genau 29 Tagen einmal um die Erde herumläuft, sondern zwischen

29.274 und 29.830 Tagen, ergeben sich auch daraus Abweichungen, die sich aber mit den ersten Abweichungen teilweise aufheben. Alles in allem wird so wohl die Schaltregel einige tausend Jahre aufrechterhalten bleiben können.

Solange wie die Schaltregel bestehen bleibt, so lange bleibt natürlich auch die Formel von Herrn Gauß gültig.

Erst wenn man die Schaltregel ändern muss, muss auch die Formel angepasst werden. Dazu aber braucht es keinen neuen Gauß, denn eine solche Anpassung ist ja nur eine Verschiebung um einen Tag, das kann jedes Kind. Die Leistung von Carl Friedrich Gauß liegt in der erstmaligen Entwicklung einer solchen Formel.

Bemerkungen zum Markustag

Irgendein selbsternannter Augur hat mal vorausgesagt: Wenn der Markustag der Ostersonntag ist, beginnt der dritte Weltkrieg. Der Markustag ist der 25. April. Tatsächlich ist der 25. April das äußerste Datum für den Ostersonntag. Prinzipiell wäre auch noch der 26. April möglich, aber da dieses Datum jahrhundertelang wegen der vereinfachten Schaltregel nicht als Ostersonntag vorkam, haben die Väter der Reform von 1582 durch eine Zusatzbestimmung die Grenze auf den 25. April gelegt. Dieses Datum ist aber im Laufe von Jahrmillionen nur mit 0.7 % am Osterdatum beteiligt, also wirklich ein recht seltenes Datum.

Nun, das Jahr 1943 war solch ein denkwürdiges Jahr: Ostern war am 25. April. Das nächste Mal tritt das wieder im Jahre 2038 ein. Der Autor wird es nicht erleben, ob 2038 der dritte Weltkrieg ausbricht. Aber er hat schon etliche vorhergesagten Katastrophen unbeschadet überlebt. So ist sein Geburtsjahr 1943.

Seine Enkelkinder aber werden das überprüfen können. Es wäre mehr als verwunderlich, wenn Politiker oder solche, die sich dafür halten, gerade dann zum Weltkrieg aufrufen. Der Autor hofft inständig, dass es niemals mehr zu solch einer Katastrophe kommen wird.

16.7 Das Oster-Paradoxon

Um dieses Paradoxon zu erklären, wiederholen wir die Regel für das Osterfest:

Ostern liegt am Sonntag nach dem ersten Vollmond im Frühling.

Im Jahr 2019 war der Frühlingsbeginn, also der Zeitpunkt, wenn die Sonne über den Himmelsäquator steigt und damit Tag und Nacht gleich lang sind, am 20. März um 22 Uhr und 58 Minuten. In manchen Jahren kann das sogar schon am 19. März passieren. Der erste Vollmond nach diesem Datum war am 21. März um 2 Uhr 43 Minuten, also knapp vier Stunden später. Das war ein Donnerstag. Damit hätte eigentlich am Sonntag, dem 24. März 2019, Ostern sein müssen. Ostern wurde aber erst am 21. April 2019 gefeiert. Was ist da passiert? Das nennt man das Osterparadoxon. Wie kommt es zustande?

Vor fast 1700 Jahren hatte man bei der Bestimmung des Osterfestes drei Probleme:

1. Wann ist Sonntag?

2. Wann ist Vollmond?

3. Wann beginnt der Frühling?

Die Sache mit dem Sonntag war einfach. Alle sieben Tage ist Sonntag.

Die Bestimmung des Vollmondes war dagegen ziemlich kompliziert. Schließlich kann man ja nicht einfach zum Himmel schauen und den Mond beobachten. Wann die Scheibe voll zu sehen ist, lässt sich kaum ausmachen.
Wir haben heute ausgeklügelte Computerprogramme, um solche Daten
auf eine Minute genau zu berechnen. Damals hatte man aber schon festgestellt, dass der Mond alle 19 Jahre wieder dieselbe Phase annimmt.
Wenn in einem Jahr am 1. April Vollmond war, so war genau 19 Jahre
später wieder am 1. April Vollmond. Diese 19-jährliche Periode nennt
man Meton-Zyklos nach dem griechischen Astronomen Meton, der im 5.
Jahrhundert v. Chr. in Athen gelebt hat. Und diesen Zyklus nutzte man,
um das Datum des Vollmondes zu bestimmen. Es stimmte zwar nicht
ganz mit den astronomischen Daten überein – in 19 Jahren ergibt sich
ein Unterschied von zwei Stunden und 5 Minuten – aber es vereinfachte
die Festlegung ungemein.

Die Bestimmung des Frühlingsbeginns erwies sich ebenfalls als ziemlich
schwierig. Man hatte aber festgestellt, dass der Frühling nie nach dem
21. März eintrat. Man setzte sich also auf die sichere Seite, dass Ostern
nicht schon im Winter lag, indem man bestimmte:

Der Frühling beginnt am 21. März eines jeden Jahres.

Mit diesen Festlegungen konnte man gut arbeiten. Im Jahr 2019 ergab
sich nun, dass nach der Zyklusregel der Vollmond schon am 20. März lag
im Gegensatz zum astronimischen Vollmond. Er lag also vor dem festge-
legten Frühlingsbeginn. Damit war dieser Vollmond noch ein Wintervoll-
mond und konnte für die Festlegung des Osterfestes nicht herangezogen
werden. Also zählte erst der Vollmond am Karfreitag, dem 19. April, als
erster Frühlingsvollmond. Und so feierten wir Ostern in Jahr 2019 erst
am 21. April.

Übrigens, wegen des Meton-Zyklus haben wir in 19 Jahren, also im Jahre
2038 wieder ein solches Paradoxon, und genauso waren die Jahre 2000
(19 Jahre vorher) und 1981 (38 Jahre vorher) paradoxe Jahre.

Ostern und das Passah-Fest

Durch die Festlegung, dass Ostersonntag bitte nicht am 26. April eintreten möchte, hatte man aber eine Sache übersehen, die eindeutig im Widerspruch zur Bibel steht. Ostersonntag war am Tag *nach* dem Frühlingsvollmond.

1981 passierte es, dass nach der Festlegung Ostersonntag am 26. April hätte liegen müssen. Wegen der Ausnahmeregel für dieses Datum wurde daher 1981 der Ostersonntag auf den 19. April vorverlegt, und das war genau der Vollmondtag und damit der Passah-Tag. Ostersonntag fiel also 1981 mit dem jüdischen Passah-Fest zusammen. Nun, die ganze Christenheit hat das so gefeiert, und niemandem hat es geschadet.

Kapitel 17

Gottschalk lässt Sand wiegen

17.1 Einleitung

Thomas Gottschalk rief „Die Cleversten" am 27. August 2005 nach Freiburg und stellte im Rahmen einer Abendshow des ZDF einem österreichischen, einem schweizerischen und einem deutschen Wissenschaftler (dem Autor) mit ihrem jeweils anhängenden Team folgende Aufgabe:

Das Wiegeproblem von Thomas Gottschalk

Wiegen Sie mit einer Waage aus einer Menge Sand exakt 10 kg ab! Hilfsmittel sind ein 7 kg schwerer Werkzeugkasten und ein 4 kg schwerer Beutel mit Schrauben.

Diese Aufgabe muss in drei Minuten gelöst sein.

Eine Minute lang durften sich die drei Teams die Aufgabe durchlesen und eine Strategie erarbeiten. Während dieser Zeit pappelte Herr Gottschalk ununterbrochen, die 1200 Zuschauer im Saal diskutierten ebenfalls und die 6 Millionen an den Fernsehschirmen feixten sich wahrscheinlich ihren Teil. Wir Beteiligten aber saßen in Panik vor der Aufgabe.

Das Ergebnis war:

- Die Österreicher verschütteten den Sand und gaben auf.

- Das schweizerische Team war nach zwei Minuten fertig.

- Unser Team stellte den Kübel nach 1 1/2 Minuten auf den Abstellplatz.

Welche Strategie führte die Teams zur Lösung?

17.2   So wiegt man nicht clever

So haben es die Schweizer gemacht:

$$10 \ kg = 7 \ kg + 7 \ kg - 4 \ kg$$

Sie haben also folgende Wiegevorgänge durchgeführt:

1. Mit Hilfe des 7 kg schweren Werkzeugkastens haben sie 7 kg Sand abgewogen und in den Kübel geschüttet.

2. Das haben sie, treu der Formel folgend, noch einmal gemacht.

3. Dann haben sie mit dem 4 kg schweren Schraubentütchen wieder 4 kg Sand aus dem Kübel auf die Waage zurückgeschüttet und von dort auf den Sandberg. So haben sie 4 kg Sand von den 14 kg im Kübel subtrahiert und erhielten die verlangten 10 kg.

Das bedeutet, sie haben dreimal Sand abgewogen, zweimal je 7 kg mit Hilfe des Werkzeugkastens, womit sie 14 kg im Kübel hatten; dann haben sie mit Hilfe des Schraubentütchens wieder 4 kg rausgewogen. Dreimal wiegen aber kostet dreimal Zeit.

17.3   So wiegt man clever

Die Rechnung kann man aber geschickt auch anders deuten. Wir setzen nur Klammern und erhalten

$$10 \ kg = 7 \ kg + (7 \ kg - 4 \ kg)$$

Sie werden bemerken, dass das doch fast das gleiche ist. Falsch, denn es ist sogar identisch das gleiche. Mathematisch ist die Klammer völlig überflüssig.

Was bedeutet hier unsere Klammer, wieso bringt sie uns einen Vorteil?

Dieser kleine Unterschied führt uns zu einer anderen Interpretation der simplen Formel. Die Differenz 7 kg − 4 kg können wir nämlich dadurch realisieren, dass wir den Werkzeugkasten mit 7 kg auf die eine Seite der Waage, sagen wir die linke, und dann das 4 kg Schraubentütchen auf die rechte Seite legen. Jetzt ist die Waage im Ungleichgewicht. Links ist sie schwerer. Wir müssen rechts Sand hinzugeben, und zwar genau 3 kg.

Durch diese *eine Differenzwiegung* können wir also exakt 3 kg abwiegen.

Die aber schütten wir zu den bereits im Kübel befindlichen 7 kg und sind
fertig.

Unser *cleveres* Wiegen sah also folgendermaßen aus:

1. Mit Hilfe des 7 kg schweren Werkzeugkastens haben wir 7 kg Sand
   abgewogen und in den Kübel geschüttet.

2. Durch unsere geschickte Differenzwiegung haben wir 3 kg Sand
   erhalten und den Kübel zu 10 kg auffüllen können.

Wir haben also nur zweimal wiegen müssen und waren nach 1 1/2 Minuten fertig. Das brachte das Publikum zum begeisterten Jubel, Thomas
Gottschalk zu der Feststellung „Die erste La-Ola-Welle, die von einem
Mathematiker ausgelöst wurde!", und der Autor durfte dem Millionenpublikum seine Lösung erklären.

17.4   Weißwein und Rotwein

Eine listige und häufig für Verwirrung sorgende Aufgabe lautet:

> Vor uns stehen zwei Gläser, eines gefüllt exakt bis zum Strich
> mit Weißwein, das andere gleichgroße ebenso gefüllt exakt
> bis zum Strich, aber mit Rotwein. Jetzt füllt jemand einen
> Teelöffel vom Weißwein in den Rotwein, mischt und füllt an-
> schließend exakt die gleiche Menge Gemisch zurück in das
> Weißweinglas. Jetzt die Frage: Ist am Ende im Weißweinglas
> mehr Rotwein als im Rotweinglas Weißwein ist?

Der Gedanke ist: Man füllt ja reinen Weißwein in das Rotweiglas, füllt aber ein Gemisch, also anteilig weniger Rotwein zurück in das Weißweinglas. Also ist am Ende im Rotweinglas mehr Weißwein, als im Weißweinglas Rotwein ist.

Aber Achtung: Am Anfang und am Ende sind beide Gläser wieder exakt gleichvoll. Nichts ist verlorengegangen. Das bedeutet: ImRotweinglas ist eine gewisse Menge Weißwein, der Rotwein verdrängt hat. Wegen der gleich Füllhöhe ist dieser verdrängte Rotwein notgedrungen jetzt im Weißweinglas. Also enthalten beide Gläser am Ende eine gleiche Prozentmischung Rotwein in Weißwein bzw. Weißwein in Rotwein.

Man muss zwischendurch nicht mal rühren.

Kapitel 18

Corona-Pandemie und Mathematik

18.1 Die Corona-Pandemie von 2020/21

In der Zeit, als die vorliegende zweite Auflage des Buches erschien, tobte in der Welt ein Virus und brachte viel Unheil: Covid 19 oder kurz Corona. Mathematikerinnen und Mathematikern fiel hier ein Satz auf, der fast inflationär vor allem von Politikern verbreitet wurde:

Wir müssen das exponentielle Wachstum des Virus stoppen!

„Exponentiell", da waren wir natürlich hell wach. So ein starkes Wort ist faszinierend und bedarf der genauen Betrachtung.

1. Wie kommt die Exponentialfunktion in diesen Zusammenhang mit der Ausbreitung eines Virus?

2. Was ist überhaupt eine Exponentialfunktion?

3. Ist die Einbeziehung der Exponentialfunktion berechtigt, was sagen die experimentellen Daten?

18.2   Das Gesetz von Malthus

Schon zu Beginn des 19. Jahrhunderts hat sich Thomas Robert Malthus[1], ein britischer Ökonom, Gedanken über die Ausbreitung verschiedener Populationen gemacht. Er kam zu dem Schluss, dass sich umso mehr Individuen einer Population entwickeln, je mehr vorhanden sind. Mathematisch wird die Zunahme durch die Ableitung ausgedrückt. Bezeichnen wir die Population mit y, so stellt sich die Aussage von Malthus in der einfachen Formel dar:

$$y' = y \qquad (18.1)$$

Mathematisch ist das eine Differentialgleichung. Wir suchen eine Funktion y, die überall gleich ihrer Ableitung ist. Wenn wir noch einen Anfangswert hinzugeben, also z.B. verlangen, dass

$$y(0) = 1 \qquad (18.2)$$

ist, so gibt es, was man mit einfachen mathematischen Methoden zeigen kann, genau eine Funktion mit dieser Eigenschaft, nämlich die Exponentialfunktion.

---

[1]Thomas Robert Malthus (1766–1834)

18.3   Wie ist die Exponentialfunktion erklärt?

Die Exponentialfunktion ist tatsächlich eine reichlich komplizierte Funktion, die aber große Bedeutung in der Mathematik. aber genauso in vielen anderen Bereichen der Wissenschaft und bei vielen Anwendungen hat. Hier ihre mathematische Definition:

Definition 18.1 *Die Exponentialfunktion e^x wird definiert durch*

$$e^x := \sum_{n=0}^{\infty} \frac{x^n}{n!} = 1 + x + \frac{x^2}{2} + \frac{x^3}{6} + \frac{x^4}{24} + \frac{x^5}{120} + \cdots \qquad (18.3)$$

Ich weiß nicht, ob Ihnen der Anfang der rechts aufgeschriebenen Summe hilft, das zu verstehen. Beachten Sie, dass $x^0 = 1$ ist und dass $0! = 1$ festgelegt ist. Vor allem die Frage, wie man etwas unendlich oft machen soll, sollte sie umtreiben. Das ist wirklich eine ganz entscheidende Frage, die wir in der Mathemtik zuvor erklären müssen. Aber das kann und wird im 1. Semester jedes Mathematikstudiums ausführlich dargestellt. Wir müssen das leider übergehen. Sonst wird das hier ein Buch über Analysis.

Wir sollten dazu erwähnen, dass es viele andere Möglichkeiten gibt, die Exponentialfunktion zu erklären. Für $x = 1$ erhält man die sogenannte Eulersche Zahl

$$e = e^1 = \sum_{n=0}^{\infty} \frac{1^n}{n!} = 1 + 1 + \frac{1^2}{2} + \frac{1^3}{6} + \frac{1^4}{24} + \frac{1^5}{120} + \cdots = 2.71818\ldots.$$

Es gibt wunderschöne mathematische Hilfsprogramnme, mit denen wir eine graphische Darstellung der Exponentialfunktion zeigen können:

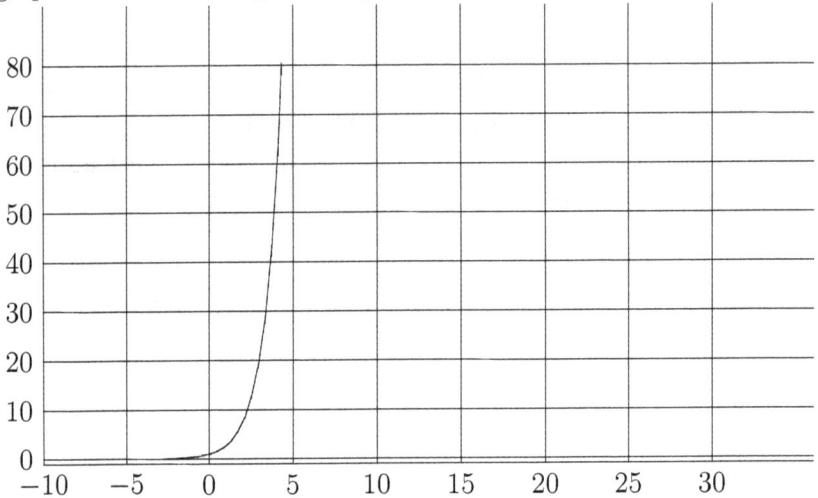

Abbildung 18.1: Die Exponentialfunktion $y = e^x$

Man sieht, dass der Graph bei $x = 0$ durch 1 geht, wie es sich gehört. Dann erfolgt der rasante Aufstieg dieser Funktion. Wir können beweisen, dass sie schneller steigt als jede Potenzfunktion, also Funktionen wie $y = x^2$ oder $y = x^{100}$.

18.4   Zum Schachspiel

Vielleicht haben Sie ja etwas Probleme mit der ominösen Zahl e, was auch nicht verwunderlich wäre. Denn diese Eulersche Zahl ist, mathematisch korrekt ausgedrückt, eine transzendente Zahl so wie die Kreiszahl π. Noch genauer besagt das, sie kann nicht als Nullstelle eines Polynoms mit ganzzahligen Koeffizienten dargestellt werden. Das wurde 1873 von Charles Hermite bewiesen.

Daher schlage ich vor, wir nehmen die Zahl 2, die ja doch recht nahe bei e liegt. Mit ihr kann man sich die Funktion $y = 2^x$ recht gut veranschaulichen.

Da ist zuerst mal die kleine Geschichte von der Erfindung des Schachspiels. Es war einmal vor langer Zeit in Indien. Dort lebte ein ziemlich unangenehmer Herrscher Shiram, der seine Leute arg beutelte und auspresste. Ein weiser Brahmane Sissa Ibn Dahir ersann daraufhin ein Spiel, in dem der König mit seinen Untertanen gegen einen anderen König kämpft. Dabei hat der König aber nur sehr begrenzten Spielraum und wenig Möglichkeiten, allein etwas auszurichten. Er braucht seine Helfer. Dieses heute als Schach bekannte Spiel begeisterte den König so sehr, dass er milder wurde und seine Untertanen nicht mehr unterdrückte. Außerdem gewährte er dem Erfinder Sissa einen Wunsch, egal was es sei. Dieser wünschte sich listig, der König möge auf das erste Feld des Spiels ein Reiskorn, auf das zweite zwei Körner, auf das dritte vier Körner, auf das vierte acht Körner legen lassen und so weiter bis zum 64. Feld, immer auf jedes Feld doppelt so viele wie auf dem voranstehenden Feld. Der König soll gelacht haben ob dieses billigen Wunsches, zugleich war er auch wohl erbosst. Jedenfalls sollten seine Minister diesen Wunsch schnell erfüllen. Aber nach Tagen sagten sie dem König, sie hätten die Gesamtzahl der Körner noch nicht errechnen können. Schließlich ergab sich die unvorstellbar große Zahl, die wir heute mittels Potenzen der 2 ausdrücken können:

$$
\begin{aligned}
1 + 2 + 4 + 8 + 16 + \cdots + \; &= \; 2^0 + 2^1 + 2^2 + 2^3 + 2^4 + \cdots + 2^{63} \\
&= \; \sum_{n=0}^{n=63} 2^n = 2^{63+1} - 1 \\
&= \; 18.446.744.073.709.551.615
\end{aligned}
$$

In Worten sind das mehr als 18 Trillionen. Man müsste wohl die mehrfache Reisernte eines Jahres der ganzen Erde zusammenkratzen, um diese Zahl zu erreichen. Die Formel für die Summe findet man in Analysis-Büchern.

Diese Geschichte stammt nicht aus Indien, sondern ist in der arabischen Welt entstanden. Vielleicht ist es doch eher ein Märchen, aber gut erfunden, das muss man schon zugeben.

18.5   Papier falten

Etwas leichter können wir uns das schnelle Anwachsen der Potenzen von zwei sichtbar machen, wenn wir folgende Frage angehen:

Wie oft können Sie ein DIN A4 Blatt falten?

Na, Sie werden denken, dass das vielleicht zehnmal oder so geht. Bitte probieren Sie es, Sie werden staunen. Sechsmal geht mit Mühe, beim siebtenmal zerbricht man sich fast die Finger, aber bekommt keinen Falz mehr hin. Nun, beim ersten Mal entstehen zwei übereinander liegende Blätter, beim zweiten Falten entstehen vier, nach dem dritten Falten liegen acht Blätter übereinader, nach dem vierten Falten sind es 16, nach dem 5. Falten sind es 32. Die kann ich noch einmal falten, so dass jetzt 64 Blätter übereinander liegen. Diese 64 Blätter aber machen Mühe. Sechsmal Falten geht also gerade noch, beim siebten Mal versagt unsere Kraft. Wenn Sie es mit einer großen Zeitung versuchen, können Sie eventuell neunmaliges Falten schaffen, aber dann ist auch Schluss.

Wir sehen also, dass diese Exponentialfunktionen sehr, sehr schnell anwachsen.

18.6   Skizze zur Corona-Pandemie

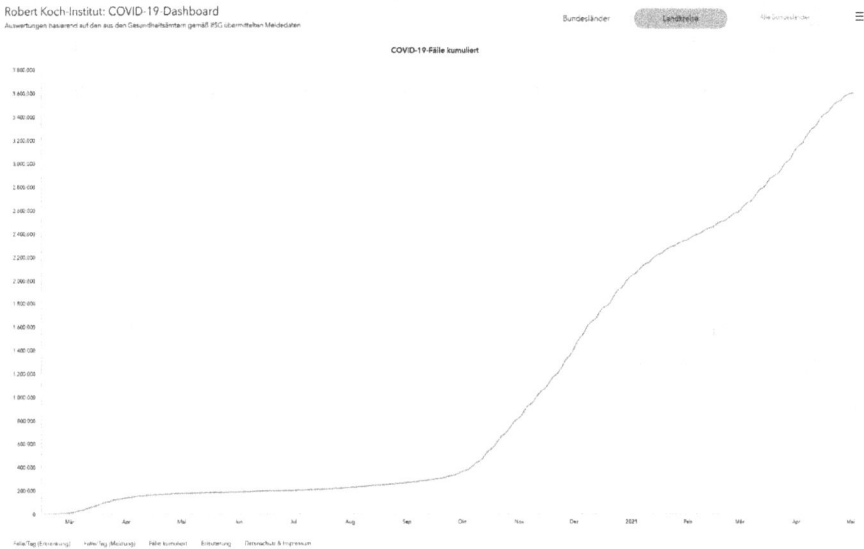

Abbildung 18.2: Graphische Darstellung der Anzahl von Covid-19 Infektionen in Deutschland kumuliert seit März 2020 bis Mitte Mai 2021

Obige Skizze fanden wir im Internet auf der Seite des Robert-Koch-Instituts. Sie haben mir freundlicherweise erlaubt, sie hier zu verwenden. Aufgetragen sind über den Tagen seit März 2020 bis Januar 2021 die kumulierten Anzahlen der Infizierten in Deutschland.

Wir sehen, dass die Kurve ansteigt. Aber bitte vergleichen Sie diese Kurve mit dem Bild der Exponentialfunktion Abb. 18.1. Ich kann hier nirgends ein solch rasantes Wachstum erkennen. Die Kurve steigt, ja, sie wird auch zwischendurch mal steiler, aber gerade in den Monaten November bis Dezember können wir ein Lineal an die Kurve anlegen. Das bedeutet, die Kurve steigt linear, nicht exponentiell. Schauen Sie noch einmal zurück auf Abb. 18.1. Dort können Sie nirgendwo ein Lineal anlegen, die Kurve steigt ständig etwas mehr an.

Da die Politiker aber hartnäckig bei ihrem Ausdruck bleiben und das exponentielle Wachstum stoppen wollen, könnte man mit etwas Ironie auf die Idee kommen, dass hier manche Leute eine neue politische Exponentialfunktion entdeckt haben. Das wäre unbedingt wert zu veröffentlichen. Solche Entdeckungen werden in den mathematischen Gemeinde stets groß gefeiert.

Vielleicht werden Sie anmerken, dass man ja noch eine kleine Dämpfung in Malthusians Gesetz einbauen kann, dann wird es wohl eher mit der Natur übereinstimmen. Nun, versuchen wir es. Schreiben wir also das Gesetz (18.1) etwas allgemeiner

$$y' = a \cdot y, \quad a \text{ eine positive reelle Zahl} \qquad (18.4)$$

Die einzige Lösung dieser Gleichung ist, wieder mit der obigen Anfangsbedingung, die Funktion

$$y = e^{a \cdot x}, \quad a \text{ eine positive reelle Zahl.} \qquad (18.5)$$

In der folgenden Skizze haben wir neben der originalen Exponentialfunktion und der weiter oben benutzten Funktion $y = 2^x$ zwei allgemeinere Exponentialfunktionen eingezeichnet, nämlich $y = e^{0.5 \cdot x}$ und $y = e^{0.2 \cdot x}$. Bei der ersten sieht man wenig Unterschied zur originalen Exponentialfunktion, bei der zweiten steigt der Graph tatsächlich etwas langsamer an, aber dann etwas später geht es genauso rasant nach oben wie bei den anderen Funktionen:

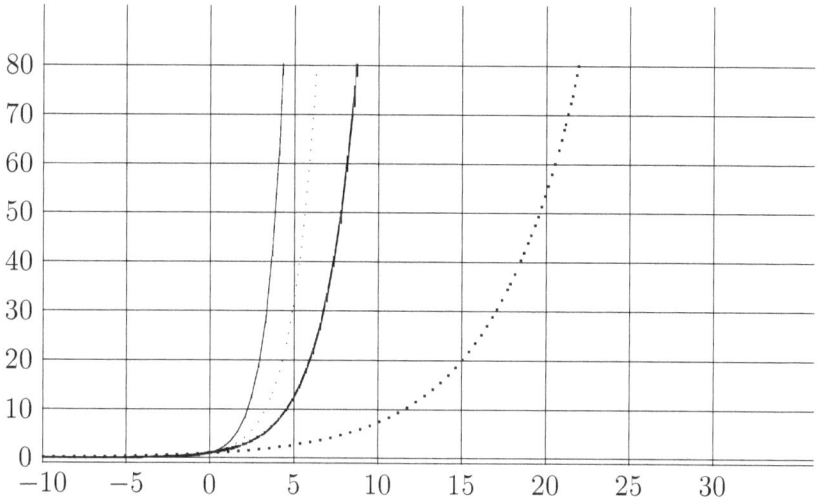

Abbildung 18.3: Die Funktionen $y = e^x, y = 2^x, y = e^{0.5 \cdot x}$ und $y = e^{0.2 \cdot x}$ im Vergleich

Man sieht, was exponentielles Wachstum bedeutet, bei der Skizze vom RKI Abb. 18.2 ist solch ein Verhalten nirgends zu sehen Da hilft also nichts, exponentiell geht hier gar nichts. Aber es ist ja nicht in Ordnung, wenn man nur über das Unwissen der Mitmenschen meckert, aber keine bessere Idee hat. Da sind die Mathematikerinnen und Mathematiker jetzt gefordert. Und sie haben geliefert, wie Sie sogleich erfahren werden.

18.7   Haie im Mittelmeer

Umberto d'Ancona, ein italienischer Biologe [2] beobachtete mehrere Jahre lang das Vorkommen von Haien im Mittelmeer. Seine Aufzeichnung zeigen wir in folgender Tabelle:

[2]Umberto d'Ancona(1896–1964)

1914	1915	1916	1917	1918
11.9%	21.4%	22.1%	21.2%	36.4%

1919	1920	1921	1922	1923
27.3%	16.0%	15.9%	14.8%	10.7%

Zwischen 1914 und 1918 erfolgt ein großer Anstieg der Haipopulation, dann aber bricht es wieder ein und die Haie gehen zurück. Es liegt nahe, das mit dem ersten Weltkrieg in Verbindung zu bringen. Aber warum geht die Haipopulation 1919, also am Ende des Krieges und der dann erfolgten Wiederaufnahme des Fischfangs anteilig stärker zurück als die Fische? Warum also nimmt die Fischpopulation, also die Beute, nicht so stark ab wie die Population der Haie, also der Räuber? Da er darauf keine Antwort wusste, wandte er sich an den italienischen Mathematiker Vito Volterra [3] und den österreichischen Versicherungsmathematiker Alfred Lotka [4] mit der Bitte, hierfür ein mathematisches Modell zu schaffen. Weil wir uns in diesem Kapitel mit der Corona-Pandemie beschäftigen wollen, werden wir dieses Phänomen erst im nächsten Kapitel (vgl. Seite 238) erklären.

18.8   Das Räuber-Beute-Modell von Lotka-Volterra

Der Unterschied zu Malthus liegt hier darin, dass Lotka und Volterra nicht eine Spezies isoliert, sondern zwei verschiedene in Interaktion betrachten. Das entspricht viel mehr der Beobachtung in der Natur. Wir bezeichnen also die erste Gruppe, die wir als Beute wählen, mit y_1, als

---

[3]Vito Volterra (1860-1940)
[4]Alfred Lotka (1880-1949)

zweite Gruppe bezeichnen wir ihre Räuber mit y_2. Weil sich das alles in der Zeit abspielt, sind beide Gruppen natürlich zeitabhängig.

18.9   Fortschreitende Entwicklung

Wir bezeichnen mit

$y_1(t)$ die Anzahl der Beute zur Zeit t,
$y_2(t)$ die Anzahl der Räuber zur Zeit t.

Wenn es für die Beute keine natürlichen Feinde gäbe, so würde sich ihre Population mit der Gleichung von Malthus

$$\frac{dy_1(t)}{dt} = a \cdot y_1(t) \tag{18.6}$$

mit einem Parameter $a > 0$ exponentiell vermehren.

Das Zusammentreffen der Beute y_1 mit den Räubern y_2, das sich als Produkt von y_1 und y_2 darstellt, lässt die Beutepopulation schrumpfen, also werden wir die Gleichung ergänzen:

$$\frac{dy_1(t)}{dt} = a \cdot y_1(t) - b \cdot y_1(t) \cdot y_2(t) \tag{18.7}$$

mit einem Parameter $b > 0$.

Betrachtet man die Räuber y_2 isoliert, also ohne ihre Lieblingsspeise, so werden sie mangels Futter nach demselben Gesetz von Malthus sterben. In einer Formel ausgedrückt, sieht das so aus:

$$\frac{dy_2(t)}{dt} = -c \cdot y_2(t) \tag{18.8}$$

mit einem von a verschiedenen Parameter $c > 0$.

Anders ist es, wenn sie auf die Beute treffen und sich einen Wanst anfressen können:

$$\frac{dy_2(t)}{dt} = -c \cdot y_2(t) + d \cdot y_1(t) \cdot y_2(t) \tag{18.9}$$

mit einem Parameter $d > 0$.

Damit haben wir das

Räuber-Beute-System von Lotka-Volterra

$$\frac{dy_1(t)}{dt} = a \cdot y_1(t) - b \cdot y_1(t) \cdot y_2(t)$$
$$\frac{dy_2(t)}{dt} = -c \cdot y_2(t) + d \cdot y_1(t) \cdot y_2(t)$$

$$\tag{18.9}$$

Kenner sehen hier, dass wir zwei Differentialgleichungen haben, die miteinander gekoppelt sind. Leider sind sie wegen des Produktes von y_1 mit y_2 in jeder Gleichung nicht mehr linear. Für lineare System von solchen Gleichungen haben wir in der Mathematik hervorragende Lösungsmethoden. Bei nichtlinearen Systemen fehlen solche Methoden.

Mathematisch lässt sich aber immerhin zeigen, dass diese beiden Differentialgleichungen periodische Lösungen besitzen. Die Mittelwerte dieser Lösungen lauten:

$$\overline{y_1} = \frac{c}{d}, \qquad \overline{y_2} = \frac{a}{b}. \tag{18.10}$$

Wenn wir willkürlich Werte für a, b, d vorschreiben und dann c variieren lassen, können wir im folgenden Plot zeigen, wie sich die Lösungen verhalten.

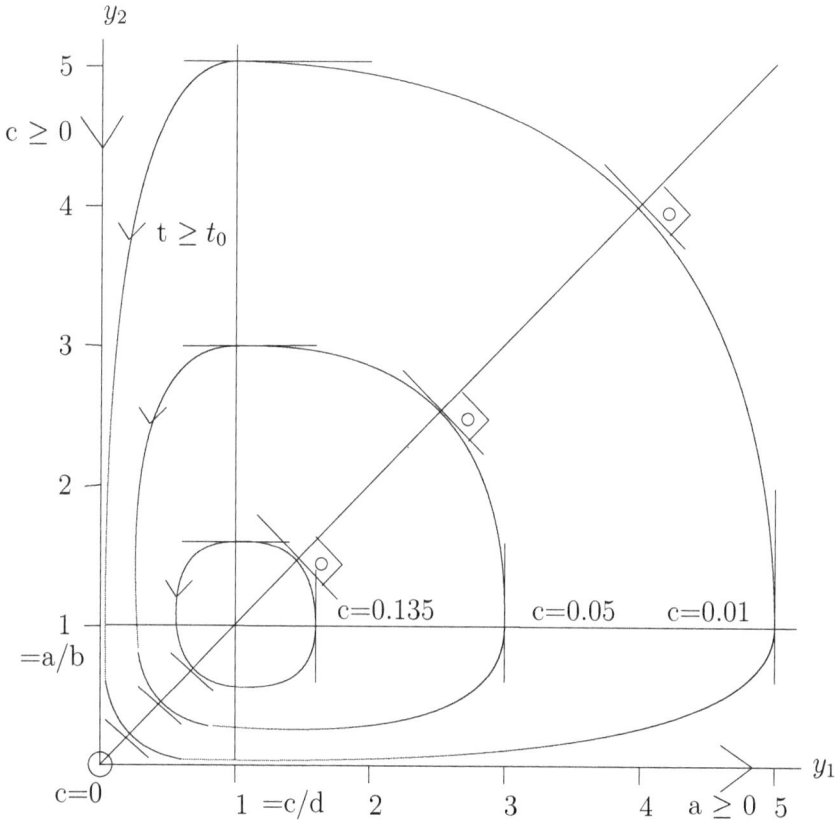

Abbildung 18.4: Darstellung des periodischen Verlaufs eines Räuber-Beute-Problems

Es entstehen geschlossene Kurven, die also ein periodisches Verhalten des ganzen Systems zeigen. Wenn wir z. B. den Punkt $(3,1)$ in der Abbildung betrachten, so befinden wir uns auf der mittleren Kurve. Ein Pfeil auf dieser Kurve auf der linken Seite zeigt an, wie die Kurve bei zunehmender Zeit t zu durchlaufen ist. Wir sind hier an einer Stelle, wo Räuber und Beute im Gleichgewicht sind, aber noch kann die Beute zunehmen. Wir wandern nach oben. Dann kommt es langsam dazu, dass die Beute weniger wird und dadurch auch die Räube keine Nahrung mehr finden. Beide Populationen werden also verringert. Schließlich werden die Räuber so stark dezimiert, dass die Beute sich wieder erholen kann. So gelangen wir zum Punkt $(3,1)$ zurück, und der Kreislauf beginnt von vorne. Sie können und sollten mit einem Stift diesen Lauf in der Abbildung verfolgen, damit Sie alles verstehen.

Mit diesem verbesserten Modell sehen wir, dass kein exponentielles Wachstum zu erwarten ist, und es ist ja auch nicht eingetreten. Im schlimmsten Fall würden sich die Corona-Viren so lange vermehren, bis die Zahl der Menschen deutlich abgenommen hat. Dann geht auch die Virenpopulation zurück, bis wieder genug Menschen nachgewachsen sind und der Kreislauf von vorne beginnen kann.

18.10   Folgen der Impfung

Nun haben sensationell früh kluge Virusforscher einen Impfstoff entwickelt, der Menschen vor der Infektion schützt. Wie wirkt sich das bei der Entwicklung der Coronaviren aus? Nun, hier ändert sich etwas, denn der Impfstoff hindert die Viren, also die Räuber, tätig zu werden. Die Beute, wir Menschen, bleiben aber ungeschoren. Das bedeutet, wir müssen unsere Modellgleichungen anpassen, indem wir nur bei den Räubern einen Giftterm $-\varepsilon$ berücksichtigen. Die Gleichungen lauten dann:

$$\frac{dy_1(t)}{dt} = a \cdot y_1(t) - b \cdot y_1(t) \cdot y_2(t), \tag{18.11}$$

$$\frac{dy_2(t)}{dt} = -c \cdot y_2(t) + d \cdot y_1(t) \cdot y_2(t) - \varepsilon \cdot y_2(t). \tag{18.12}$$

Die Mittelwerte hierfür lauten jetzt

$$\overline{y_1} = \frac{c}{d}, \qquad \overline{y_2} = \frac{a - \varepsilon}{b}. \tag{18.13}$$

Wir sehen, dass die Beute, also wir Menschen ungehindert weiterleben können, während die Räuber, also die Viren, abnehmen. Das ist das große Verdienst der Forscher, die in Rekordzeit einen wirksamen Impfstoff entwickelt haben.

Kapitel 19

Wer hilft dem Weihnachts-mann gegen die Sitkalaus?

Dies ist ein weiteres Beispiel für ein Räuber-Beute-Problem, wie wir es im vorigen Kapitel vorgestellt haben. Wir können uns daher kurz fassen, werden aber die wesentlichen Formeln noch mal wiederholen, um den Zusammenhang zu zeigen.

19.1 Der Schreck des Weihnachtsmanns

Ein Weihnachtsmann stellt zu seinem großen Entsetzen fest, dass alle Nordmanntannen seiner Weihnachtsbaumkolonie von Sitkaläusen befallen sind. Soll er nun zu Pestiziden greifen oder den lieben Marienkäferchen, den natürlichen Feinden der Sitkaläuse, die Arbeit überlassen?

Diese Frage lässt sich an Hand einer mathematischen Formel beantworten, die auf alle Räuber-Beute-Systeme angewendet werden kann, im vorliegenden Fall also auf das Beutetier Sitkalaus und auf ihren natürlichen Feind, den Marienkäfer.

19.2   Hilfe durch die Marienkäfer

Gäbe es für die Sitkaläuse keine natürlichen Feinde, so würden sie sich ? stark vereinfacht ? exponentiell vermehren. Gäbe es umgekehrt für die Marienkäfer keine Beutetiere, so würden sie mangels Futter nach dem selben Gesetz zugrunde gehen. Treffen nun Sitkaläuse und Marienkäfer aufeinander, geschieht ? wer hätte es anders erwartet ? Folgendes:

Die Zahl der Sitkaläuse verringert sich und die Marienkäfer bleiben wohlgenährt am Leben.

19.3   Die Giftspritze

Setzt man Pestizide ein, liegt der Fall anders: Sowohl die Anzahl der Läuse als auch die Zahl der Marienkäfer geht zunächst zurück. Will man die weitere Entwicklung errechnen, muss dabei noch die Wirksamkeit des Giftes auf die jeweilige Population berücksichtigt werden. Der „Giftterm", der in der Differentialgleichung auf die (von Natur aus kleinere, sich relativ langsam vermehrende) Marienkäferpopulation und die (von Natur aus größere, sich rasch vermehrende) Sitkalauspopulation angewendet wird, zeigt, dass der Weihnachtsmann seine Giftspritze doch lieber im Sack lassen sollte; denn er würde das Gegenteil von dem erreichen, was er eigentlich will. Die Sitkaläuse würden sich munter vermehren, während die Anzahl der Marienkäfer immer weiter abnehmen würde.

Was lernen Weihnachtmänner daraus? Wollen Sie einen gut gepflegten Weihnachtsbaum, verlassen Sie sich lieber auf die Marienkäfer.

19.4   Die mathematischen Formeln

Hier die grundlegenden Formeln zu diesem Räuber-Beute-Problem, die wir jetzt aber erweitern müssen, wenn wir die Wirkung der Giftspritze erkennen wollen.

Wir bezeichnen mit

$y_1(t)$ die Anzahl der Sitkaläuse zur Zeit t,
$y_2(t)$ die Anzahl der Marienkäfer zur Zeit t.

19.5   Entwicklung ohne Gifteinsatz

Wenn es für die Sitkaläuse keine natürlichen Feinde gäbe, so würde sich ihre Populationsentwicklung mit der Gleichung

$$\frac{dy_1(t)}{dt} = \alpha \cdot y_1(t) \tag{19.1}$$

mit einem Parameter $\alpha > 0$ berechnen lassen.

Das Zusammentreffen der Sitkaläuse mit den Marienkäfern, das sich als Produkt von $y_1(t)$ und $y_2(t)$ darstellt, lässt die Sitkalauspopulation weiter schrumpfen, also

$$\frac{dy_1(t)}{dt} = \alpha \cdot y_1(t) - \beta \cdot y_1(t) \cdot y_2(t) \tag{19.2}$$

mit einem Parameter $\beta > 0$.

Betrachtet man die Marienkäfer isoliert, also ohne ihre Lieblinsspeise, die Läuse, so kann man feststellen, dass sie mangels Futter nach demselben Gesetz sterben, wie die Sitkaläuse sich vermehren. In einer Formel ausgedrückt sieht das so aus:

$$\frac{dy_2(t)}{dt} = -\gamma \cdot y_2(t) \qquad (19.3)$$

mit einem von α verschiedenen Parameter $\gamma > 0$.

Anders ist es, wenn sie auf die Sitkaläuse treffen und sich einen Wanst anfressen können:

$$\frac{dy_2(t)}{dt} = -\gamma \cdot y_2(t) + \delta \cdot y_1(t) \cdot y_2(t) \qquad (19.4)$$

mit einem Parameter $\delta > 0$.

Mathematisch lässt sich nun zeigen, dass diese beiden Differentialgleichungen periodische Lösungen besitzen. Die Mittelwerte dieser Lösungen lauten:

$$\overline{y_1} = \frac{\gamma}{\delta}, \qquad \overline{y_2} = \frac{\alpha}{\beta}. \qquad (19.5)$$

19.6   Folgen der Giftspritze

Beim Einsatz von Pestiziden verringert sich sowohl das Wachstum der Läuse als auch das Wachstum der Marienkäfer. Bei beiden Differentialgleichungen müssen wir daher einen Term mit dem Giftparameter ε hinzufügen, bei den Läusen also

$$\frac{dy_1(t)}{dt} = \alpha \cdot y_1(t) - \beta \cdot y_1(t) \cdot y_2(t) - \varepsilon \cdot y_1(t) \qquad (19.6)$$

und bei den Marienkäfern

$$\frac{dy_2(t)}{dt} = -\gamma \cdot y_2(t) + \delta \cdot y_1(t) \cdot y_2(t) - \varepsilon \cdot y_2(t), \qquad (19.7)$$

beide Male mit demselben Giftfaktor $\varepsilon > 0$ und beide Terme als Subtrahenden, denn sowohl die Sitkaläuse als auch die Marienkäfer werden ja durch Gift reduziert.

Die Mittelwerte hierfür lauten damit jetzt:

$$\overline{y_1} = \frac{\gamma + \varepsilon}{\delta}, \qquad \overline{y_2} = \frac{\alpha - \varepsilon}{\beta}. \qquad (19.8)$$

Hier genau hinschauen, dann sehen Sie das Palaver. ε geht im Mittelwert als positiver Additionsterm in die Population der Läuse ein, während er bei den Räubern, den Marienkäfern, negativ zu Buche schlägt. Das bedeutet:

> Die mittlere Anzahl der gefräßigen Läuse nimmt also zu, während gleichzeitig die mittlere Anzahl der lieben Marienkäferchen abnimmt.

Das ist die wichtige Nachricht für Hobbygärtner mit Hang zur Spritze. Bitte, bitte, lassen Sie die Spritze im Gartenhaus. Kurzfristig mag sich ja ein Erfolg zeigen, aber auf längere Sicht lachen sich die Sitkaläuse ins

Fäustchen. Sie können sich vermehren, während ihre so niedlichen Feinde, die Marienkäferchen, ins Gras beißen. Und Ihren Weihnachtsbaum müssen Sie wieder auf dem Markt kaufen.

19.7   Haie im Mittelmeer – Erklärung

Wir kommen zurück auf unser Anfangsbeispiel mit den Haien im Mittelmeer (vgl. Seite 225), durch welches die Räuber-Beute-Modelle von Lotka und Volterra initiiert wurden. Unsere Gleichungen (19.8) geben uns leicht die Antwort, warum sich die Haie nach Kriegsende, also als der Fischfang wieder einsetzte, so überproportional verringert haben im Gegesatz zu den Fischen. In der ersten Gleichung, die ja für die Fischpopulation zuständig ist, steht ein additiver Term. Bei den Fischen schlägt also der Giftterm positiv zu Buche. Die Fische können sich wieder vermehren. Dagegen sehen wir in der zweiten Gleichung von (19.8), dass bei den Räubern der Giftterm negativ eingeht. Gift hier ist der Fischfang. Das bedeutet also, dass sich die Haipopulation verringert. Genau das war das Ergebnis der Messung von Umberto d'Ancona, wenn Sie noch einmal zurückblättern zur Seite 225 und die Tabelle in Augenschein nehmen.

19.8   Zusammenfassung
Regeln von Lotka-Volterra

Im folgenden Kasten fassen wir noch einmal in Kurzform zusammen, was man aus dem Räuber-Beute-Modell von Lotka und Volterra entnehmen kann.

Regeln von Lotka-Volterra

Regel 1: Die Größe der Populationen von Räuber und Beute verhalten sich bei konstanten Bedingungen periodisch.

Regel 2: Die Populationsgrößen beider Einzelpopulationen bewegen sich konstant um einen festen Mittelwert.

Regel 3: Werden Räuber- und Beutepopulation gleichermaßen durch Einflüsse von außen wie z.B. Fischfang oder Gift dezimiert, so erholt sich die Beutepopulation stets schneller als die Räuberpopulation.

Wer aber hat nun letztlich dem Weihnachtsmann geholfen?

Die Mathematik!

Nachwort

Hat es Ihnen Freude gemacht, ein bisschen in die Mathematik hinein zu stöbern? Vielleicht haben Sie ja nicht nur ab und zu ein Schmunzeln im Gesicht gehabt, sondern auch etwas über die Vielfältigkeit der Mathematik gestaunt.

Erinnern Sie sich noch an die Zeit vor zwanzig Jahren, wo wir allabendlich bei der Heimfahrt in langen Staus saßen, aber kein Handy besaßen, um zu Hause Bescheid zu sagen? Heute wird das mit einem mehr als komplizierten Computerprogramm optimal geregelt. Alle Ampeln innerstädtisch sind miteinander verbunden. Raffinierte mathematische Methoden müssen angewendet werden, um die optimalen Rot- und Grünphasen zu berechnen.

Beim nächsten Arztbesuch mit Computertomographie (CT sollten Sie bitte an Herrn Radon[1], einem in Tetschen (Böhmen) geborenen Mathematiker, ein Dankeschön richten. Dieser Mathematiker erfand die Radon-Transformation, mit der das CT durchführbar ist.

Haben Sie auch schon ein solch kleines Kästchen im Auto, das Ihnen mit stets liebenswerter Stimme den Weg weist? Mögen Sie auch noch so verkehrt fahren: Bitte rechts abbiegen! Bitte wenden! Dahinter steckt nicht nur die spezielle Relativitätstheorie von Albert Einstein, wie wir sie in Kapitel 12 in Kurzfassung vorgestellt haben, sondern auch seine viel kompliziertere allgemeine Relativitätstheorie. Die aber benötigt die

---

[1]Johann Radon (1887–1956)

nichteuklidische Geometrie, entdeckt von dem ungarischen Mathematiker János Bolyai[2] und dem deutschen Carl Friedrich Gauß[3].

Vielleicht vergessen Sie auch nicht, wenn Sie mal mit einem modernen Auto auf Knopfdruck rückwärts perfekt einparken, dem Erfinder der Einparkformel, nämlich dem Autor dieses Büchleins, ein kleines Dankeschön zu schicken. Er hat nämlich diese Formel veröffentlicht und nicht verkauft. So kann sie jede Firma zum Wohle ihrer Kunden benutzen.

Das sind nur einige Beispiele aus dem täglichen Leben, wo die Mathematik ihre Hand im Spiel hat. In Zukunft wird sich das sogar noch verstärken.

Mathematik ist eben wirklich überall.

---

[2] János Bolyai (1802–1860)
[3] Carl Friedrich Gauß (1777–1855)

Literaturverzeichnis

[1] Behnke, H.; Tietz, H.: *Das Fischer Lexikon. Mathematik I, II*, Fischer Bücherei KG, Frankfurt a. M., 1966

[2] Fischer, W.; Lieb, I.: *Funktionentheorie* Vieweg Verlag, Braunschweig, 1980

[3] Gerlach, W.: *Das Fischer Lexikon. Physik*, Fischer Bücherei KG, Frankfurt a. M., 1960

[4] Gottschalk, T.: *Die Cleversten*, ZDF-Abendsendung, Sonnabend, 27. Aug 2005, live aus Freiburg i. Brsg.

[5] Gründel, B.: *Pythagoras im Urlaub* Diesterweg Verlag, Frankfurt a. M., 1970

[6] Herrmann, Erich: *Private Mitteilung*

[7] Herrmann, N.: *Höhere Mathematik für Ingenieure, Bd. I und II*, Aufgabensammlung, Oldenbourg Verlag München, 1995

[8] Herrmann, N.: *Höhere Mathematik für Ingenieure, Physiker und Mathematiker*, Oldenbourg Verlag München, 2004

[9] Herrmann, N.: *Mathematik ist überall*, 2. Aufl.
Oldenbourg Verlag München, 2005

[10] Herrmann, N.: *Mathematik für Naturwissenschaftler*,
2. Aufl.
Springer Spektrum, 2019

[11] Jauch, G.; *SternTV*
Fernsehsendung RTL, 14. Sep. 2005, live aus Köln

[12] Karamanolis, S.: *Albert Einstein für Anfänger*, 6. Aufl.
Elektra Verlag, Neubiberg, 1995

[13] Meschkowski, H. et al.: *Schüler-Duden-Mathematik I, II*,
Bibliogr. Institut Mannheim, 1972

[14] Pennings, J. T.: *Do dogs know Calculus*
College Mathematics Journal **34**, (3), p. 178–182, 2003

[15] Sexl, R.; Schmidt, H. K.: *Relativitätstheorie*
Vieweg Schulverlag, Düsseldorf, Braunschweig 1978

[16] Vogel, H.; Gerthsen, Ch.: *Physik*,
Springer-Verlag, Berlin, 1995

[17] Walker, J.: *Der fliegende Zirkus der Physik*,
Oldenbourg Verlag München, 2000

[18] Wille, F.: *Humor in der Mathematik*,
Vandenhoek & Ruprecht, Göttingen, 1984

[19] Ziegler, G. M.: *Wahljahr, Einsteinjahr*,
DMV-Mitteilungen 13-3/2005

[20] Zimmer, E.: *Umsturz im Weltbild der Physik*,
Deutscher Taschenbuch Verlag, München, 1961

Index

www.ingramcontent.com/pod-product-compliance
Lightning Source LLC
Chambersburg PA
CBHW061147220326
41599CB00025B/4386